U0230437

地理科学专业土壤学课程系列教材

土壤碳氮稳定同位素样品
前处理技术与质谱分析

张金波　温　腾　戴沈艳　蔡祖聪　主编

科学出版社

北京

内 容 简 介

　　稳定同位素示踪研究中获得的多数样品都必须经过一定的前处理才能达到质谱分析的要求,不当的样品保存和前处理方法会影响质谱分析数据的准确性,甚至获得错误的结果。本书介绍不同形态的碳、氮稳定同位素样品的前处理技术,详细讲解其原理、操作步骤、数据校准和注意事项等,旨在让使用者快速、全面地掌握相关方法。全书共分 5 章。第一章概述稳定同位素质谱分析技术;第二章简述稳定同位素比质谱仪测定值的精准性与数据校准;第三章讲解土壤和植物样品前处理方法与碳氮同位素质谱分析;第四章讲述土壤无机氮前处理方法和质谱分析;第五章介绍气态样品前处理方法与碳氮同位素质谱分析。

　　本书可作为土壤学、环境科学、农业科学、生态学等专业本科生和研究生教学的课程教材,并可供从事相关专业领域研究的科技人员参考。

图书在版编目(CIP)数据

　　土壤碳氮稳定同位素样品前处理技术与质谱分析/张金波等主编. —北京:科学出版社,2022.6
　　地理科学专业土壤学课程系列教材
　　ISBN 978-7-03-072545-5

　　Ⅰ. ①土… Ⅱ. ①张… Ⅲ. ①碳氮比–稳定同位素–标准样品–高等学校–教材 Ⅳ. ①S153.6-65

　　中国版本图书馆 CIP 数据核字(2022)第 099383 号

责任编辑:周　丹　沈　旭/责任校对:杨聪敏
责任印制:赵　博/封面设计:许　瑞

科 学 出 版 社 出版
北京东黄城根北街 16 号
邮政编码:100717
http://www.sciencep.com
三河市春园印刷有限公司印刷
科学出版社发行　各地新华书店经销
*
2022 年 6 月第 一 版　开本:720×1000　1/16
2025 年 3 月第三次印刷　印张:9
字数:177 000
定价:69.00 元

"地理科学专业土壤学课程系列教材"前言

土壤是地球表层系统的重要组成部分,在物质生产、生态环境和全球气候变化等方面发挥着不可替代的作用。人们最早认识土壤是从它的生产功能开始的,以土壤肥力为核心,观察、研究土壤的物理性质和化学性质,以及生源要素的生物地球化学循环,主要目的是为农业生产服务。20世纪以来,随着全球社会经济的快速发展,人们对土壤的需求逐步发生了变化,尤其是严峻的生态、环境问题引发人们进一步加深了对土壤功能的认识,主要体现在开始关注土壤与生物、大气、水、岩石各圈层之间的相互关系,探讨土壤在生态环境和全球变化中所起的作用。土壤学逐渐由传统农业土壤学向环境土壤学、健康土壤学发展,认知的内涵从土壤肥力拓展到土壤质量和土壤健康,既关注生产,也重视土壤的生态环境等服务功能。

野外调查、采样分析和试验研究是认识土壤的重要途径。随着科学技术的进步,很多的研究方法和分析手段被应用于土壤学领域,质谱仪、光谱仪、色谱仪及各种分析仪器在土壤学研究中逐渐得到广泛的应用,使人们对土壤微观过程的观察和认知提高到分子水平甚至原子水平,为认识土壤世界开辟了许多新的途径,加速了土壤学的发展。

结合国内高等教育,特别是非农学专业本科教育的需求和土壤学的发展,以及自身的研究领域和特色,我们组织编写了"地理科学专业土壤学课程系列教材",包括5册,分别是《土壤学概论》《土壤学实验基础》《土壤地理学野外实习指南》《碳氮稳定同位素示踪原理与应用》《土壤碳氮稳定同位素样品前处理技术与质谱分析》。《土壤学概论》汇编了土壤学基础理论知识,阐述了土壤在农业、生态、环境、生物多样性、气候变化等多方面的功能,旨在让学生掌握土壤学的基础知识,了解土壤的主要功能。《土壤学实验基础》筛选了代表土壤物理性质、化学性质和生物性质的基础指标,介绍其分析方法原理和实验操作步骤,旨在让学生掌握土壤分析的基本技能。《土壤地理学野外实习指南》主要介绍土壤地理学野外实习的主要内容与方法,重点阐述土壤剖面调查方法,旨在让学生初步掌握土壤野外调研的能力。《碳氮稳定同位素示踪原理与应用》主要介绍稳定同位素的相关概念和重要术语,同位素示踪技术方法原理、类型和试验误差来源,并以碳氮为例,介绍稳定同位素示踪技术在土壤学研究中的应用,旨在让学生从原理到应用全面掌握稳定同位素技术,为从事土壤物质循环过程研究等相关工作奠定理论基础。《土壤碳氮稳定同位素样品前处理技术与质谱分析》系统介绍相关的新技术、新方法，为学生使用稳定同位素示踪技术开展土壤学研究工作提供技术方法支撑。

本系列教材具有四个方面的特色：①凝练土壤学基础知识，深入浅出，方便"零基础"的学生学习；②增加了土壤生态、环境、生物多样性、气候变化等领域功能和土壤化学分析及野外实习方法等内容，知识体系较完整；③系统介绍了稳定同位素示踪原理及其在土壤碳氮循环研究中的应用，扩展了新技术和新方法；④阐述了土壤资源的特点、土壤功能、土壤学著名学者的奋斗历程和贡献等，开展课程思政教学。通过阅读、学习本丛书，学生能全面掌握土壤学入门知识，奠定其土壤学基础，激发其对土壤学的热情，助益事业发展。

展望土壤学的未来，任重而道远。本系列教材的编写和出版工作是一次新的尝试，也是一项艰巨而复杂的工作，参加编制的所有人员满怀对土壤学教育事业的诚挚热爱，付出了很多的时间和精力。感谢南京师范大学地理科学学院汤国安教授在系列教材出版过程中给予的鼎力帮助。本系列教材得到了地理学国家一流建设学科的经费支持。

张金波　蔡祖聪

2021 年 12 月于南京

前　　言

随着我国经济实力的不断提升和科研投入的不断增加，曾经非常稀少的稳定同位素比质谱仪在高校和科研单位中日渐普及；随之，稳定同位素示踪技术的应用也日益广泛。近年来，仪器性能、分析方法和样品前处理技术等都得到了快速的发展和完善，使得相关测量的精确度和灵敏度显著提高，为相关研究开拓了更为广阔的前景。

只有仪器处于正常和良好状态，才有资格谈论测定结果的准确与否。针对仪器状态和分析技术问题，曹亚澄等编写了《气体同位素质谱分析300问》一书，收集、整理了当前气体同位素质谱分析中常见的各种技术问题和解决方法，以帮助相关技术人员更有效地使用气体同位素质谱仪器和外部设备，取得可靠的分析数据，这为提高我国气体稳定同位素质谱分析水平发挥了重要的作用。

除了仪器性能和状态外，正确的样品前处理方法也是保证数据可靠性的前提条件之一。稳定同位素示踪研究中获得的多数样品都必须经过一定的前处理才能达到质谱分析的要求，不当的样品保存和前处理方法会显著影响质谱分析数据的准确性，甚至获得错误的结果。稳定同位素样品前处理技术方法发展非常迅速，但是缺少系统地归纳总结，前处理技术的重要性也没有得到普遍的重视，严重影响了稳定同位素技术的应用和研究水平的提升，急需一本系统介绍稳定同位素样品前处理技术方法的教材，供青年学者/学生学习、参考。于是编写团队结合多年教学和研究工作积累，组织编写了本教材。

本书编写的指导思想是力求简洁、实用，使初学者能快速、准确地掌握土壤碳氮稳定同位素样品的前处理技术。其内容主要包括稳定同位素质谱分析技术和质谱仪测定值的准确性与数据校准方法概述；重点讲述固态(即土壤和植物)样品的前处理方法与碳氮同位素质谱分析、土壤提取液和水体样品储存、土壤无机氮的分离技术，以及气态样品的储存方法和前处理技术，详细介绍了上述前处理技术的原理、操作步骤、数据校准和注意事项等，旨在让使用者全面地掌握相关方法，为开展碳氮稳定同位素示踪试验奠定技术基础。本书适用面广，可以作为高等教育的教科书，也可以作为专业性参考书。

在编写过程中，稳定同位素质谱分析技术和质谱仪测定值的准确性与数据校准方法概述内容主要参考了曹亚澄、张金波、温腾等编著的《稳定同位素示踪技术与质谱分析——在土壤、生态、环境研究中的应用》。碳氮稳定同位素样品前处理技术的核心内容主要源自编写团队多年的研究工作经验和积累。在此特别感谢曹亚澄先生在技术开发和完善过程中给予的指导。

全书共分 5 章。第一章概述稳定同位素质谱分析技术；第二章简述稳定同位素比质谱仪测定值的精准性与数据校准。后 3 章详细介绍碳氮稳定同位素样品前处理技术方法，其中，第三章讲解土壤和植物样品前处理方法与碳氮同位素质谱分析；第四章讲述土壤无机氮前处理方法和质谱分析；第五章介绍气态样品前处理方法与碳氮同位素质谱分析。

本教材编写大纲由张金波、蔡祖聪共同讨论制定。本书第一章由温腾编写；第二章和第三章由戴沈艳编写；第四章由温腾编写；第五章由张金波编写。蔡祖聪、张金波完成本书的最终统稿工作。本书得到了南京师范大学地理学国家一流建设学科的经费支持。

受时间和编者水平所限，书中难免存在一些缺点和疏漏，希望得到同行专家、学者和广大读者的批评指正。

张金波

2022 年 1 月于南京

目　录

第一章　稳定同位素质谱分析技术

从 1942 年研制出第一台商品型同位素质谱仪以来，经过半个多世纪的发展，稳定同位素质谱分析技术不断与时俱进，仪器性能不断提升，各种配套设备也相继研发并投入使用，使得相关测量的精确度和灵敏度显著提高，自动化测量成为趋势，为相关研究开拓出更为广阔的前景。本章简要介绍稳定同位素比质谱仪的发展及应用、工作原理和主要技术指标。

第一节　稳定同位素比质谱仪概述

质谱仪(mass spectrometer)是一种应用广泛的大型分析仪器，它的种类很多，分类方法也不完全一致。按质量分析器的工作原理，可将质谱仪分为静态仪器和动态仪器两大类。根据质谱仪的应用范围，则可分为气体同位素比质谱仪、有机质谱仪和无机质谱仪等。本节介绍几种常见质谱仪的类别及应用。

一、同位素比质谱仪的发展

从质谱分析器发展到现在精密的同位素质谱仪，经历了一系列的发展历程。早在 20 世纪初期，在剑桥大学的卡尔迪什实验室(Cavendish Laboratory, University of Cambridge)，约瑟夫·汤姆孙、欧内斯特·卢瑟福和弗朗西斯·威廉·阿斯顿等著名科学家奠定了质谱仪的基础。现简要介绍质谱仪(主要是同位素比质谱仪)的发展历史。

1913 年，汤姆孙和阿斯顿使用"正电荷射线分析器"首次发现了氖元素的两个同位素 ^{20}Ne 和 ^{22}Ne。

1919 年，阿斯顿利用磁场和电场研制出一种称为"正电荷射线谱仪"的仪器，这便是同位素比质谱仪的原型。

1920 年，阿斯顿首先引入"质谱"(mass spectrum)术语。

1927 年，阿斯顿研制出第二代"质谱仪"，可发现同位素并测定其原子量。

1940 年，阿尔弗雷德·尼尔推出了一种精确测定同位素比值的气体源质谱仪。

1942 年，出现了第一台商品型的同位素比质谱仪。

1947 年，哈罗德·尤里开始了现代同位素地球化学的研究，定量地阐明了稳定同位素分馏效应引起的同位素自然丰度变异现象。

1957 年，尤里等组装了一台特性化的同位素比质谱仪，扩大了质谱仪在同位素自然丰度变异上的应用范围。

1960～1970 年，同位素比质谱仪(isotope ratio mass spectrometer，IRMS)的制造技术进一步发展，并商品化。随着计算机技术的快速发展，仪器的测量精度和易操作性得到了极大提高。

1980 年，同位素比质谱仪实现了自动化，如双路进样(dual-inlet，DI)系统机械组件的自动化，并相继研制出多种气体样品的离线制样装置。

1983 年，汤姆斯·普雷斯顿和尼古拉斯·欧文斯首先采用连续流(continuous flow，CF)样品进样方式，以氦气(He)作载气，用杜马(Dumas)干燃烧法分析固体样品中的氮同位素比值。

1984 年，出现了一种选择性的连续流方法(GC-IRMS)，即通过气相色谱分离气体混合物中的组分，然后将它们分别燃烧成 CO_2 气体，由稳定同位素比质谱仪测定各单组分的 ^{13}C 丰度。后来，这种方法扩展到分析土壤中产生的 N_2O 和 CH_4 这些微量气体中的 ^{13}C 和 ^{15}N 丰度。

二、稳定同位素比质谱仪

稳定同位素比质谱仪(IRMS)能精确测定碳(C)、氮(N)、氢(H)、氧(O)等质量数不大的元素在稳定同位素组成上的微小差异(如 $^2H/^1H$、$^{13}C/^{12}C$、$^{15}N/^{14}N$、$^{18}O/^{16}O$ 等)。不同化合物组成的样品经化学、物理反应转化为简单气体(如 CO_2、N_2、N_2O、H_2 等)后，进入质谱仪器分析其同位素组成，因此又称为气体同位素比质谱仪。

质谱分析法中气体同位素比质谱仪最为经典，它能够精确测定元素同位素比值的微小差异，样品用量少，结果精确度高。元素周期表中大多数元素的同位素质量、丰度和原子量的测定都是借助同位素质谱法完成的。气体同位素比质谱仪和分析技术在质谱学诞生和发展历程中做出了重要贡献，在农学、土壤学、环境科学、化学、核科学、地质学、考古学、地球科学、生命科学及食品溯源等众多研究领域都有广泛的应用。

目前主流的气体同位素比质谱仪有：①美国赛默飞世尔科技(Thermo Fisher Scientific)公司生产的稳定同位素比质谱仪产品，包括 MAT-250、251、252、253，Delta S 系列的 Delta V Advantage 和 Delta V plus，以及最近新推出的 MAT-253 plus。②英国/德国艾尔蒙塔(Elementar)公司的 IsoPrimer100 型稳定同位素比质谱仪。③英国赛康(Sercon)质谱公司生产的 Sercon 系列稳定同位素比质谱仪。④英国 NU 仪器公司生产的稳定同位素比质谱仪(perspective ratio mass spectrometer)。

三、几种稳定同位素比质谱仪联用仪器简介

稳定同位素比质谱仪通常采用黏滞流进样系统，可分为双路进样和连续流进样两种方式。双路进样是经典的进样方法，带双路进样系统的稳定同位素比质谱仪已沿用多年，离线制备样品气体后，能实现最精确的元素同位素比值测定。连续流进样是近三十余年来发展起来的，它实现了质谱仪与其他外部设备的耦合，能在线制备样品并送入质谱仪，是目前最常用的进样方式，在接口的辅助下，有一系列不同的联用仪器，如元素分析-稳定同位素比质谱联用仪、微量气体预浓缩装置-稳定同位素比质谱联用仪、气相色谱-燃烧-稳定同位素比质谱联用仪、多用途在线气体制备装置-稳定同位素比质谱联用仪等。

(一)带双路进样系统的稳定同位素比质谱仪(dual inlet-isotope ratio mass spectrometer, DI-IRMS)

这种稳定同位素比质谱仪配备了一套双路进样系统，主要用于对同位素比值差异较小的自然丰度样品的精密测量。双路进样系统设置成结构完全相同的标准端和样品端，每个进样侧由 8 个气动阀门和 1 个可变容积储样器组成。分析样品时，向双路进样系统两侧的可变容积储样器内分别送入标准样品气体和待测样品气体。若左路送入的是标准样品气体，在计算机程序中就将左路设成标准端，另一路则是样品端(图 1-1)。

通过计算机软件控制或用手动调节储样器的马达可改变双路进样系统两侧可变容积储样器的体积，使样品端和标准端的气体呈相同的压力和流速，以获得相等强度的离子束流。然后启动编制的计算机测样程序，由计算机控制多次反复地切换转换阀，实现两路三束的元素同位素比值精密测量。双路进样系统的内精度可达到 0.005‰~0.01‰。

带双路进样系统的稳定同位素比质谱仪只能测定纯净的 N_2、CO_2 和 N_2O 气体样品，因此一般需要采用离线制样的方法制备样品，操作较为耗时，样品需求量较大。在连续流进样方式尚未普及之前，离线制样装置被广泛用于制备 N_2 和 CO_2 气体样品。

(二)元素分析-稳定同位素比质谱联用仪(element analyses-isotope ratio mass spectrometer, EA-IRMS)

EA-IRMS 是一种碳、氮自动分析仪与稳定同位素比质谱仪相连接的联用仪器(图 1-2)。它使用连续流进样方式，经高温氧化、还原、色谱柱分离纯化等过程产生的样品气体，随高纯 He 流进入离子源。在双路进样中参考气和样品气在

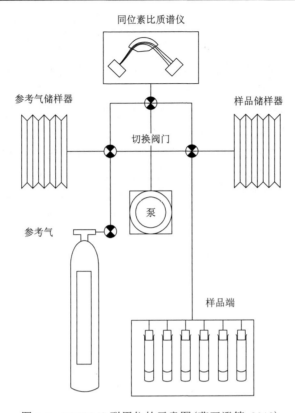

图 1-1   DI-IRMS 联用仪的示意图（曹亚澄等, 2018）

相同压力下反复交替进入，产生近似高度和形状的矩形信号峰，而连续流进样中参考气先于样品气进入，受不同进入途径的影响，参考气和样品气的信号峰差异大，由于色散效应样品气峰形为高斯形，峰形强度随样品量变化，经常需要标准物质校正测定结果（表 1-1）。但是，连续流进样方式比双路进样方式方便快捷、样品需求量小，可分析低浓度混合物的元素同位素比值。

表 1-1   双路进样和连续流进样的比较

项目	双路进样	连续流进样
样品气	纯净气体	混合气体
气体进入离子源方式	样品气和参考气分储不同容器，在相同压力下反复交替进入	参考气先于样品气进入，样品气随高纯 He 流进入
峰形	样品气和参考气信号峰均为矩形，峰强相似	参考气信号峰为矩形，样品气信号峰为高斯形，样品气峰形和强度受样品量影响
样品用量	较大（μmol）	较小（nmol）
线性校正	不需要	需要

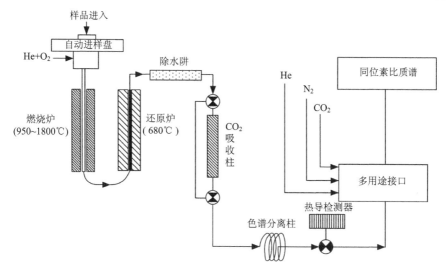

图 1-2　EA-IRMS 联用仪的示意图(曹亚澄等, 2018)

EA-IRMS 通常由以下三部分组成(图 1-2)。

1. 元素分析仪部分

元素分析仪是在线制备样品的部分，能自动将样品转化为供稳定同位素比质谱仪分析用的纯净气体(以碳和氮为例，分别转化为 CO_2 和 N_2)。元素分析仪由自动进样器、氧化炉、还原炉、吸水/CO_2 柱、色谱分离柱和热导检测器(thermal conductivity detector, TCD)、多用途接口等构成。样品在氧化、还原炉中反应产生的混合气体，在吸水/CO_2 柱中去除水分/CO_2，再经色谱分离柱纯化后得到纯净的目标气体，最后经多用途接口送入质谱仪。

1)自动进样器

自动进样器有固体进样器和液体进样器之分。固体进样器由计算机程序控制、齿轮马达驱动，将样品盘的孔位对准反应炉的顶口，固体样品包于锡囊，放置于进样器的孔位中；液体进样器主要用于不挥发、黏度不大的液体样品。

2)氧化炉

氧化炉也称燃烧炉。样品进入氧化炉中，在过氧条件下瞬间高温分解，形成碳、氮、硫、水汽等多成分的混合气体。根据样品高温分解的难易和所需测定的元素同位素比值的不同，氧化炉内填充的物料也不相同。氧化炉的炉温一般在 950～1800℃。

3)还原炉

氧化炉氧化能力的降低将使样品燃烧不完全，从而产生如 N_yO_x 等氮氧化物气体，它们将影响元素同位素比值的精确测定。还原炉的功能就是彻底将这些氮氧

化物气体还原成 N_2，同时去除剩余的 O_2。还原炉的炉温一般设定在 680℃。

　　4) 吸水/CO_2 柱

　　吸水柱内填充有白色的高氯酸镁$[Mg(ClO_4)_2]$颗粒，吸 CO_2 柱内填充的是黑色的碱石灰试剂。在吸水柱和吸 CO_2 柱之间设置一个切换阀，当同步测定碳和氮或单独测定碳同位素比值时，需要关闭吸 CO_2 柱的通道，让气体只通过吸水柱去除水分；如只测定氮元素同位素比值时，打开吸 CO_2 柱的通道，去除样品气体中的水分和 CO_2。

　　5) 色谱分离柱

　　色谱分离柱可根据不同气体在柱内保留时间的不同对样品进行分离，例如 N_2 优先流出分离柱，CO_2 气体随后，实现 N_2 和 CO_2 的完全分离。色谱柱有填充柱（packed GC column），也有毛细管柱（capillary GC column）。由于毛细管柱对 N_2 和 CO_2 气体的分离效能高，且性能稳定，目前在 EA-IRMS 联用仪上一般都配备毛细管分离柱。

　　6) 热导检测器

　　热导检测器是专门为测定样品中总氮和总碳的百分含量而设置的。

　　2. 多用途接口部分

　　所谓接口是指连接在线连续流样品制备系统与稳定同位素比质谱仪的装置，具有以下 3 种功能：

　　(1) 保证进入质谱仪的样品气流稳定，又能满足离子源最佳工作条件。

　　(2) 可同时连接多种不同的参比气体，方便测定时与不同样品气体比较测量。

　　(3) 经分析程序控制，多用途接口能自动进行线性测试。

　　多用途接口由样品气体开口分流部分和参比气体开口分流部分组成。元素分析仪属于气体流量较高（流量在 80～140 mL/min）的样品制备系统，而质谱仪离子源正常工作的气体流量仅为 0.3～0.4 mL/min。多用途接口必须能够降低或分流样品的气体流量，且气体的分流还必须在恒定的气体压强下完成。

　　3. 质谱仪部分

　　与元素分析仪联用的稳定同位素比质谱仪，通常是扇形磁场质谱，具有 60° 或 90° 的扇形场。质谱仪的离子接收器，一般配备万用三杯接收系统。测定氮同位素比值时，三个法拉第杯分别接收的是 m/z 28、m/z 29 和 m/z 30 三种离子束；测定碳同位素比值时，接收的则是 m/z 44、m/z 45 和 m/z 46 三种离子束。

（三）微量气体预浓缩装置-稳定同位素比质谱联用仪（trace gas pre-concentration-IRMS, Pre Con-IRMS）

CO_2、N_2O 和 CH_4 是三大温室气体，大气中 N_2O 浓度仅为 330 ppb（1 ppb=10^{-9} L/L）左右；CH_4 浓度也仅为 1.8 ppm（1 ppm=10^{-6} L/L）左右；CO_2 浓度稍高，约为 420 ppm。使用传统的分析技术，需要极大体积的样品才能完成测定，如 CH_4 样品的分析需要 50 L 的空气。为了实现用少量气体样品就能精确测定其稳定同位素的比值，研制出了微量气体自动预浓缩的装置，其基本工作原理是利用深度冷冻技术（-196℃的液氮冷阱）收集目标气体，经解冻、吹扫和浓缩后，He 流将大部分样品气体送入质谱仪的离子源中。

微量气体预浓缩装置一般由样品瓶、化学阱、冷阱、燃烧反应管、六通阀和气相色谱柱六个部分组成（图 1-3）。

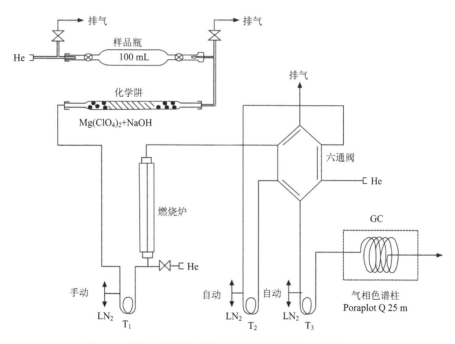

图 1-3　微量气体预浓缩装置结构示意图（曹亚澄等，2018）

T_1、T_2、T_3 为冷阱

1. 样品瓶

样品瓶是密封气体样品的容器，有两头带密封阀门的体积不等的玻璃瓶、不锈钢样品管或样品罐，也有带隔垫的进样杆。依据样品的浓度可直接注入不同体

积的气体样品(图 1-4),还可以直接连接自动进样器。储气瓶一般使用丁基橡胶隔垫密封。

图 1-4　多种类型的气体样品瓶

左 1 为直接进样杆;左 2 为两头配备 Swagelock 单通隔离阀的 5 mL 进样管;左 3 为标配的 100 mL 样品瓶;右 1 为两头配备 Swagelock 单通隔离阀的 350 mL 样品罐

2. 化学阱

一般设有两种化学阱,一种是填充有 $Mg(ClO_4)_2$ 和烧碱石棉试剂的化学阱,用于吸收和去除气体样品中的 CO_2,也可以去除水分;另一种是填充硫酸钙($CaSO_4$)和氯化钴($CoCl_2$)的化学阱,仅去除水分。还可以在化学阱内填充少许五氧化二碘(I_2O_5)去除 CO 或五氧化二钴(Co_2O_5)去除含硫及其他卤素元素气体。

3. 冷阱

一般配备 2 个自动升降的液氮冷阱,有的仪器还另加一个手动操作的冷阱(图 1-3),所有冷阱均由不锈钢毛细管制成。图 1-3 中冷阱 T_1 管内填充镍丝,在分析 CO_2 样品或 CH_4 样品燃烧生成的 CO_2 时,可有效防止 CO_2 冷凝形成的冰粒被氦气流带出。冷阱 T_2 与六通阀相连,其 1 mm 内径的不锈钢管内也填充镍丝,防止冷凝后的 N_2O 和微量 CO_2 被氦气吹出。冷阱 T_3 是一根 0.5 mm 内径的不锈钢管,被分析的目标气体由冷阱 T_2 转移到冷阱 T_3,再次被冷冻。当冷阱 T_3 从液氮移出解冻后,样品气体就流入气相色谱柱进行分离,因此冷阱 T_3 也称作分离柱头冷阱。

4. 燃烧反应管

燃烧反应管专为分析 CH_4 的碳同位素比值而配置,是由一个可升温到 1000℃

的燃烧炉和一根管内填充有 3 根 0.13 mm 镍丝、内径仅 0.8 mm 的铝土管组成。使用之前通入 O_2 先将镍丝转化为氧化镍，它能将样品气体中的 CH_4 完全氧化成 CO_2 和水。

5. 六通阀

六通阀的作用是改变气体路径、连接色谱分离柱。它是一个旋转阀，在两个固定的方向间旋转。①阀头逆时针旋转为输入(load)工作方式，收集样品，随 He 流入的样品气体中的目标气体(如 N_2O 或 CO_2)都被冷冻在冷阱 T_2 中，杂质气体则由 He 吹除；②阀头顺时针旋转为进样(inject)工作方式，样品气流与预浓缩端断开，不再通过采样环，气相色谱柱(GC)端另有一路 He 通过冷阱 T_2 和 T_3，将收集到的被测气体注入毛细管柱(GC)内进行分离(图 1-5)。

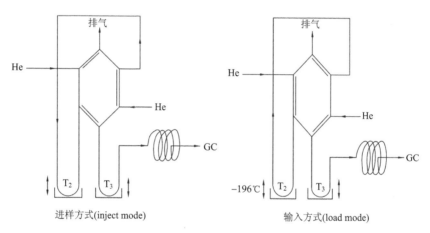

图 1-5 六通阀的两种工作方式(曹亚澄等, 2018)

T_2、T_3 为冷阱；GC 为色谱柱

6. 气相色谱柱

色谱柱的作用是进一步分离目标气体和杂质气体，通常使用的是 0.32 mm 内径的 Poraplot Q 石英毛细管柱。由色谱柱分离后的目标气体将进入稳定同位素比质谱仪检测。

(四)气相色谱-燃烧-稳定同位素比质谱联用仪(GC-C-IRMS)

元素分析仪是将样品瞬间高温燃烧，把碳化合物或氮化合物全部转化为 CO_2 或 N_2，因此 EA-IRMS 测定的是样品中总碳的碳同位素比值，或总氮的氮同位素比值，无法区分样品中不同组分的元素同位素比值。GC-C-IRMS 采用高分离能力的色谱柱，以不同的升温程序分离多组分的混合气体，分离出的不同组分随 He 流依次进入高温氧化炉和还原炉，转化为 CO_2 或 N_2，最后依次由稳定同位素比质谱仪测定每个组分的稳定同位素比值(图 1-6)。GC-C-IRMS 可用于样品中单组分或特定化合物的元素同位素比值分析，一般由以下几部分组成。

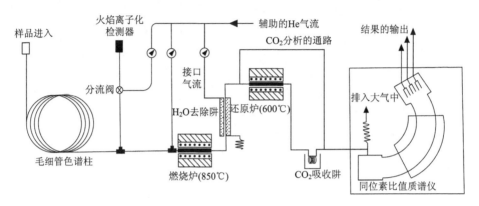

图 1-6　GC-C-IRMS 联用仪结构示意图(曹亚澄等, 2018)

1. 色谱柱

分析烷类或其他极性小的有机化合物时，标准的气相色谱柱选用 Hewlett-Packard HP-5 MS 柱，5% 苯基(phenyl)，95% 甲基聚硅氧烷(methyl polysiloxane)，长 30 m，内径 0.25 mm，镀膜厚度 0.25 μm。

2. 氧化炉

配置一根内径 0.5 mm、外径 1.59 mm、长 320 mm 的非孔性的铝土(Al_2O_3)管，内装有铜、镍和铂 3 根丝。

3. 还原炉

配置一根管内装有直径 0.125 mm、由 3 根纯铜丝绕成的还原丝的非孔性铝土管。

(五) 多用途在线气体制备装置-稳定同位素比质谱联用仪(gasbench-IRMS)

多用途在线气体制备装置是赛默飞世尔公司研制的一种连接稳定同位素比质谱仪的外部设备，可进行多种不同类型样品的测量，如碳酸盐、溶解性无机氮和气体中 CO_2 的碳、氧同位素比值的测定；用水平衡法测定水的氢、氧同位素比值等。

该气体制备装置的优点如下：

(1)能在线全自动地顶空制备气体。

(2)用高纯 He 作载气，连续流进样。

(3)可多次重复使用定量环，连续采集多份气体样品。

(4)能自动认定峰高，并具自动稀释的功能。

(5)样品消耗量少，灵敏度较高。

(6)可进行高精度同位素比值的测定。

该装置主要由以下几部分组成：

(1)自动进样器的样品盘。根据分析项目，可选择不同的样品盘，还可进行控温(加热或冷却样品盘)。

(2)双套样品针。一路以 0.4～0.5 mL/min 的流速向样品瓶中充入 He，另一路则让样品气体随 He 流入进样系统(图 1-7)。

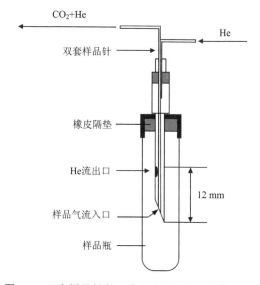

图 1-7　双套样品针的工作示意图(曹亚澄等, 2018)

(3)在线除水阱，由 Nafion 构成，这是一种聚四氟乙烯与全氟磺酸的共聚物，具有选择性渗透吸湿作用。

(4)重复定量环进样系统。这是一个八通阀的进样系统，它可呈现两种模式：载入模式(load mode)和注入模式(inject mode)。

(5)恒温气相色谱柱。从定量环流出的不同气体组分(如 CO_2 和 N_2O)经色谱柱分离后，再经过 Nafion 除水阱和开口分流接口后，进入稳定同位素比质谱仪中。

(6)样品气体开口分流和自动稀释组件。通过开口分流接口实现样品自动稀释，工作原理类似 EA-IRMS 中的多用途接口，但又不完全相同。开口分流接口组件由 3 根毛细管组成，一根与除水阱相连，注入样品气；一根连接 He 流，用于稀释样品气；最后一根是样品气体流入稳定同位素比质谱仪的可伸缩毛细管，通过伸缩位置决定是否启动样品气的自动稀释(图 1-8)。

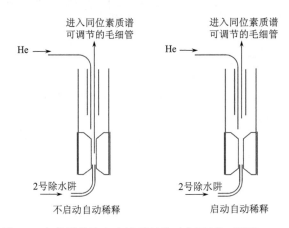

图 1-8　气体样品注入和被稀释的示意图(曹亚澄等，2018)

第二节　稳定同位素比质谱仪的工作原理与基本组成

从首次发现同位素以来，质谱仪就伴随着同位素的研究和应用而发展，是开展同位素研究的核心设备。随着我国科研经费投入的不断增加，曾经非常昂贵、稀少的稳定同位素比质谱仪在高校和科研单位中日渐普及，同位素质谱分析技术已经广泛应用于科学研究的各个领域。了解稳定同位素比质谱仪的工作原理、基本组成及仪器分析误差的来源等基础知识是保障稳定同位素示踪试验数据准确性和可靠性的前提。本节主要介绍稳定同位素比质谱仪的工作原理、基本组成和仪器分析过程中误差产生的主要原因。

一、稳定同位素比质谱仪的工作原理

稳定同位素比质谱仪是利用电磁学原理，分离和测定离子化的分子和原子质量的科学分析仪器，工作原理如下。

根据洛伦兹定律，当带电离子以一定的速度进入磁场时，它的运动方向会因磁场作用力而发生偏转，由直线运动改做圆周运动(图 1-9)。偏转轨迹的表达式为

$$m / z = 4.82 \times 10^{-5} \times \left(R_m^2 \times \frac{H^2}{V} \right) \tag{1-1}$$

式中，m 为原子质量单位(amu)；z 为电荷数(以一个电子的电荷为单位)；R_m 为带电离子的轨道曲率半径(cm)；H 为磁场强度(Gs)；V 为离子加速电压(V)。

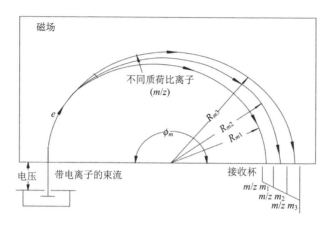

图 1-9　稳定同位素比质谱仪的工作原理示意图

R_m 为带电离子的轨道曲率半径，对于质量数不同$(m_1、m_2、m_3)$的带电离子，曲率半径也不同$(R_{m1}、R_{m2}、R_{m3})$

上述公式是稳定同位素比质谱仪的基本工作原理。由式(1-1)可知，一定质荷比(m/z)的带电离子，在磁质谱仪中的运行偏转曲率半径与磁场强度成正相关，与离子的加速电压成负相关。当质谱仪的离子接收器在固定位置，磁场强度不变时，通过改变加速电压就可在接收器上接收到某一带电离子的束流，这种测量方式称电(电场)扫描，其扫描速度较快。而当加速电压固定时，调节磁场强度也可使某一离子束流落在一定的接收器上，该测量方式称磁(磁场)扫描。使离子偏移的磁场强度是由供给电磁铁的电流所决定的，由于会产生磁滞效应，所以磁扫描的速度较慢。

简言之，稳定同位素比质谱仪分析就是利用离子化技术，将物质分子转化为带电离子，按其 m/z 的差异进行分离测定的过程。

二、稳定同位素比质谱仪的基本组成

质谱仪均包含离子源、质量分析器和接收器三个核心部件。作为质谱仪器的重要成员，稳定同位素比质谱仪由六个基本部分组成，即进样系统、离子源、质量分析器、离子接收器、数据系统/图谱显示(计算机系统)和真空系统(图1-10)。

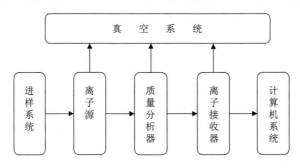

图 1-10　稳定质谱仪的基本组成部分（曹亚澄等，2018）

　　六个部分的简要工作流程是：样品经特定的物理或化学处理后成为测定所需的纯净气体，进样系统将这些纯净气体送入离子源，在离子源内一部分气体分子或原子被电离，形成具有一定能量的离子束，然后进入质量分析器，按 m/z 进行分离，再由离子接收器测量不同离子束的强度，最后将数据和图谱输入计算机显示系统。为了确保样品气体分子在离子源内有效电离，尽可能减少离子在分析室内与残余气体分子碰撞导致能量消失，离子源、质量分析器和离子接收器内应维持较低的气压强（即真空系统）。

（一）进样系统

　　进样系统是将被分析的样品气体引入质谱仪离子源的组件。质谱分析的进样系统通常是气体（蒸汽）外部进样系统，需要具有以下三个方面的功能：

　　（1）在分析过程中既能向离子源输入稳定的样品气体，又能维持离子源正常工作的气压强。

　　（2）样品气体在进样过程中尽可能避免分馏、吸附和分解作用等。

　　（3）尽可能地减少进样管道中的记忆效应。

　　所以，稳定同位素比质谱仪通常采用黏滞流进样。在黏滞流进样系统中，使用可调节的长毛细管减低压力，气体分子的平均自由程小于管道直径，气体分子间相互形成整体，使气体分子如同漂浮在湍急溪流中的叶片，分子个体的随机运动被整体气流移动掩盖，随气流裹挟前进，大大减少了分析过程中的同位素分馏效应。

（二）离子源

　　离子源的功能是将被分析的物质电离成带电的原子离子或分子离子，这些离子经光学透镜系统被引出、加速，聚焦成具有一定能量和一定几何形状的离子束。离子源的性能优劣与质谱仪的灵敏度、分辨率和测量精度密切相关。因此，通常将离子源称为质谱仪的心脏部件。理想的离子源应具有电离效率高、束流聚焦好、传输效率高、离子流稳定和质量歧视效应较小等性能。

稳定同位素比质谱仪一般采用电子轰击型离子源(图 1-11)，它结构简单、操作方便、离子束分散性小和束流稳定。具体工作原理是：在电离盒中，一侧的灯丝阴极发射出慢电子，电子朝向另一侧阳极(电子接收极)运动，与从样品导入口进入的气体分子发生碰撞。当电子能量大于样品分子(或原子)的电离电位时，部分分子或原子因失去电子被电离成正离子，也有的分子或原子可以捕获电子而成负离子。带正电荷的离子被推斥极推出电离盒，一组光学透镜将其聚焦为紧密离子束，最后经加速电压加速后进入质量分析器。

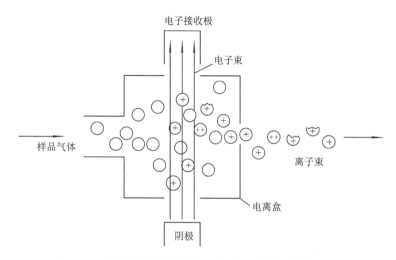

图 1-11　电子轰击型离子源的工作示意图(曹亚澄等, 2018)

电子轰击碰撞气体分子时，最常发生单次电离，即样品气体去除一个电子而被电离，但也会伴随二次电离(即去除两个或更多的电子)和离子碎片化。例如，N_2 分子进入离子源被电子轰击后，可形成下列几种 m/z 不同的离子：①单次电离产生的单电荷的分子离子，如 m/z 为 28 的 $[^{14}N^{14}N]^+$、m/z 为 29 的 $[^{14}N^{15}N]^+$ 和 m/z 为 30 的 $[^{15}N^{15}N]^+$；②离子碎片化产生的单电荷原子离子，如 m/z 为 14 的 $[^{14}N]^+$ 和 m/z 为 15 的 $[^{15}N]^+$；③二次电离产生的带双电荷的分子离子，如 m/z 为 14 的 $^{14}N^+$ 组成的 $[^{14}N^{14}N]^{++}$ 和 m/z 为 15 的 $^{15}N^+$ 组成的 $[^{15}N^{15}N]^{++}$ 等。

(三)质量分析器

质量分析器是质谱仪的重要部件，其功能是将离子源产生的离子束按 m/z 实现分离。按照质量分析器类型的不同、空间轨迹的不同、轨迹稳定与否、飞行时间的不同而实现分离。

根据质量分析器的工作原理，质谱仪可分成两大类：①静态质谱仪，它的质量分析器采用稳定的电场或磁场，按空间位置将不同 m/z 的离子进行分离；②动态质谱仪，它则采用周期变化的电磁场构成质量分析器，按照时间或空间实现不同质量离子的分离。稳定同位素比质谱仪通常采用磁场偏转质量分析器，电磁铁使不同 m/z 离子发生磁场偏转而实现分离，属静态质谱仪类。一般使用半圆形（180°）或扇形（60°或90°）的均匀磁场（图1-9）。

（四）离子接收器

离子接收器的功能是接收来自质量分析器分离后的不同 m/z 的离子束流，并根据检测到的离子类型和束流强度实现元素同位素比值的测定。早期的质谱仪将离子束聚焦在照相底片上，根据曝光的强度和位置得到同位素的位置和丰度。现代质谱仪使用电子探测器来测量离子束的强度（电流），带电离子进入接收器，产生微小电流，电流大小与离子束强度有关，在高值电阻作用下，根据欧姆定律，将微小的电流信号转换为高电压信号，再经电压-频率转换器输出到电脑。

稳定同位素比质谱仪常用的离子接收器为法拉第杯。法拉第杯是一种金属制、设计成杯状的、用来测量带电粒子入射强度的真空侦测器，其用电学方法记录离子流。稳定同位素比质谱仪最常用的是万用三杯接收系统，其由包括一窄二宽并各自单独屏蔽的深法拉第杯组成（图1-12），适用于 N_2、O_2、CO_2 和 N_2O 气体的测量（表1-2）。

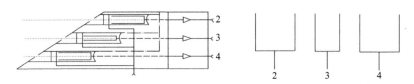

图1-12 万用三杯接收系统的原理图（曹亚澄等，2018）

表1-2 万用三杯接收系统的用途

气体种类	2号接收杯	3号接收杯	4号接收杯
N_2	m/z 28	m/z 29	m/z 30
O_2	m/z 32	m/z 33	m/z 34
CO_2	m/z 44	m/z 45	m/z 46
N_2O	m/z 44	m/z 45	m/z 46

（五）计算机系统

现代质谱仪都借助高性能的计算机系统实现仪器的智能化，使仪器具有随外界条件变化确定应有正确行为的能力，达到了"任何非熟练人员一按键盘"就可获得检测结果的目标。稳定同位素比质谱仪在计算机系统控制下,具有以下几种主要的功能。

(1)可实时显示仪器的真空度、加速电压、磁场强度、电离电压、阴极灯丝电流和多种透镜的数值,可自动进行质量定位校正和多项仪器技术指标的调试,也可随时对仪器的工作电参数进行调谐和优化,并给予保存。

(2)可自动巡检仪器的工作状态,自动进行故障诊断。如有异常,可寻找并显示出故障点,给出适用的故障排除提示。

(3)自动控制仪器的真空系统,显示全部阀门的开关状态和真空系统各部分的真空度。具有真空连锁装置,一旦主真空出现异常,仪器会立即关闭离子源和磁分析器的电源,起到保护仪器的作用。

(4)可按照用户编辑的工作程序自动进行样品的检测,自动采集数据并贮存,自动进行数据的删减(如扣除环境本底等)。

(六)真空系统

良好的真空度是稳定同位素比质谱仪工作的基础,离子源、质量分析器和离子接收器都必须在低气压状态下工作,使所产生的离子不会因与残余气体分子碰撞能量消失而发生束流的散射,有利于提高仪器的分辨率和灵敏度。现代的质谱仪都具有一套优质的真空系统并设有真空连锁装置,一旦离子源和质量分析器的真空状态达不到阈值,仪器就会自动切断离子源和质量分析器的供电电源,立即切断加速电压和灯丝电流等,以保护仪器的关键部件。

质谱仪的不同区域对真空度的要求各不相同。离子源区域的真空度应在 $10^{-5} \sim 10^{-7}$ mbar(1 mbar = 100 Pa),质量分析器区域为 $10^{-6} \sim 10^{-9}$ mbar,离子接收区域的真空度应维持在 $10^{-3} \sim 10^{-4}$ mbar。

稳定同位素比质谱仪常采用旋片式机械泵和涡轮分子泵串联组成的真空系统。涡轮分子泵是完全依靠高速旋转的涡轮扇片将动量传递给气体分子进行工作的,它在常压就可以启动,仅需十几分钟即可达到所需的真空度,噪声本底小,其缺点是价格较昂贵。

第三节 稳定同位素比质谱仪的主要技术指标

稳定同位素比质谱仪的工作理论基础是经典的电磁学原理。因此,电场和磁场是仪器的两大基本要素,仪器的主要技术指标都是这两大要素的直接或间接体现。主要的技术指标有质量范围、分辨率、绝对灵敏度、丰度灵敏度、相对灵敏度、线性、信号稳定度、放大器动态范围、峰顶平坦度、峰形、放大器测试及系统稳定度等。本节简要介绍这些技术指标。

一、质量范围

质量范围(mass range)是质谱仪所能测定 m/z 的离子质量范围,它表示质谱仪能测量的最轻和最重离子间的质量范围,即仪器测定质量数的能力,通常以质量数或原子质量单位(amu)的整数表示。例如,质量范围 1~200 表示仪器可以测定从 m/z 1 到 m/z 200 之间的离子。

不同用途和性能的质谱仪质量范围的指标不同。一般稳定同位素比质谱仪的质量范围都在 1~200(如赛默飞世尔科技公司 Delta V plus 型仪器的质量范围为 1~96,MAT-253 plus 型仪器的质量范围为 1~150)。热电离同位素质谱仪的质量范围在 3~380(如 Finnigan MAT-261 型质谱仪),而有机质谱仪测量的质量范围一般很宽,可以从几千到几万不等。

二、分辨率

分辨率(resolution)定义为质谱仪可分辨相邻两个质谱峰的能力,是质谱仪的一个重要技术指标,是质谱仪对离子束分离和束流成像能力的体现。分辨率表述的是质量参数,即两个质量相近的质谱离子峰能分辨开的最小相对距离。在质谱学中,不同仪器会使用不同定义的分辨率和计算公式。通常以 $R=M/\Delta M$ 来度量(10%峰谷定义),可理解为当两个等高度的相邻质谱峰之间的峰谷值达到峰高值的 10%时,分辨率 R 等于两个质谱峰的质量平均值 M 除以二者的质量差 ΔM。但是,实际测定中很难见到两个等高度的质谱峰,两峰分开的峰谷值恰好是 10%峰高的更为少见。因此,通常采用式(1-2)计算分辨率:

$$R = 0.5 \times [(m_1 + m_2) / (m_1 - m_2)] \times s / a \tag{1-2}$$

式中, m_1 和 m_2 是两个相邻质谱峰的质量数; s 是两峰中心之间的距离; a 为其中一个峰在峰高 5%处的峰宽值。

不同类型的质谱仪具有不同的分辨率,应根据分析目的与要求选定仪器的这个技术指标。对低质量数的稳定同位素比质谱仪,分辨率仅要求在 100 左右;大型气体同位素磁质谱仪(如赛默飞世尔科技公司的 MAT-253 plus)的分辨率可达 200。无机分析和有机分析的质谱仪则要求有更高的分辨率,有的要求分辨率在数千以上。

三、绝对灵敏度

在质谱仪的离子源中,只有一部分气体分子被慢电子轰击产生离子,也只有一部分离子能被接收器所接收。灵敏度是质谱仪对样品感测能力的指标,是仪器的电离效率、传输效率、检测能力及本底噪声等性能的综合体现,取决于离子源的电离效率和离子在离子源、质量分析器的传输效率，以及离子接收器的接收效率。绝对灵敏度(absolute sensitivity)定义为在接收器上接收到一个离子所需要的气体分子数。一般测试方法是计算在质谱仪相应的接收杯上接收到一个 m/z 44 离子所需要的 CO_2 气体分子数。绝对灵敏度有时也称转换系数，即向仪器内输进多少毫巴压强的气体样品时能产生多少安培的离子流，以 A/mbar 表示。

例如，赛默飞世尔科技公司生产 Delta V advantage 仪器的绝对灵敏度指标是 1200 分子/离子；而 Delta V plus 仪器是 800 分子/离子。相互比较即可看出，Delta V advantage 仪器的绝对灵敏度低于 Delta V plus 型号的仪器，前者产生一个 m/z 44 离子需要 1200 个 CO_2 气体分子，而后者只需 800 个 CO_2 气体分子。

四、丰度灵敏度

离子源电离产生的离子与残余气体分子碰撞能量消失而发生束流散射，常会引起质谱信号峰的拖尾现象。丰度灵敏度(abundance sensitivity)是质量为 m 的大丰度同位素离子峰(A_m)的"拖尾"对相邻质量($m \pm \Delta m$)小丰度同位素离子峰($A_{m+\Delta m}$)的影响，常用比值表示，即 $A_{m+\Delta m}/A_m$ 和 $A_{m-\Delta m}/A_m$。丰度灵敏度与仪器聚焦性能、分辨率和测量时的真空度状态相关。测定低丰度同位素样品时，丰度灵敏度的指标是选择仪器的重要依据。

以 CO_2 气体为例，丰度灵敏度即为 m/z 44 的离子流落到 m/z 45 接收杯中的量除以 m/z 44 接收杯中所接收的 m/z 44 离子量。通常 m/z 44 离子对 m/z 45 的信号贡献不应超过 2×10^{-6}。

五、相对灵敏度

相对灵敏度(relative sensitivity)是表述离子流信号强度与离子源气体压强的相关性，以 A/mbar 表示。对于同一台稳定同位素比质谱仪，标配系统的相对灵敏度应在 0.2 A/mbar；加配差分泵后则在 0.5 A/mbar，但是该质谱仪的绝对灵敏度并未改变。相对灵敏度的比较只适用于抽速、气体传导率和离子真空规管等相同的情况下，因此不同型号仪器间的比较是无意义的。

六、线性

从质谱仪的绝对灵敏度可知，离子源的电离效率通常只有 0.1%～0.15%(对于 CO_2 气体)，存在较大的难以确定的同位素分馏作用，因此稳定同位素比质谱仪通过参考气和样品气的相对测定，校正同位素分馏作用的影响。在双路进样系统中，参考气和样品气的压力相同，同位素分馏作用相似，不会影响元素同位素比值的测定。但是，连续流进样系统中，参考气和样品气的气压不同，样品气的气压随样品量发生变化，在离子源内存在不同的气体分子碰撞频率，同位素分馏作用也相应变化。线性(linearity)是指因样品气体进入量大小产生的气压变化引起的同位素分馏对元素同位素比值测定的影响。良好的线性表示元素同位素比值在一定范围内不受离子源内样品气压的影响,这是考察质谱仪器工作状态是否正常的常规技术指标。

电离线性测试(linearity test)也可称作比值线性测试,指在一定范围内改变离子束(一般指主峰的离子流)信号强度,得到相同的同位素比值,即离子束强度与同位素比值之间的相互关系。线性测试是计算回归直线的斜率,以‰/V 或‰/nA表示。通常是多点检测,在离子流强度从 2 V 到 8 V 的区间内,以 1 V 为步长测定元素同位素比值的变化。线性测试指标应小于 0.06 ‰/V(图 1-13)。

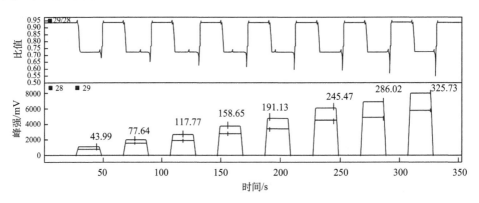

图 1-13　N₂气体的线性测试谱图(曹亚澄等, 2018)

七、信号稳定度

信号稳定度(signal stability)指质谱峰高的稳定性。在设定的时间内(如 5 min),测量峰顶强度变化,用回归直线的斜率表征。与系统稳定度测试不同,信号稳定度测试的是峰中心位置上的峰高稳定性,不是峰腰的稳定度。通过测试可获得两项结果:①回归直线的斜率;②回归直线的标准偏差。在此项技术指标的测试中,应注意回归直线的斜率是与气体样品消耗有关的,如出现异常值必须进行检查。即使加速电压和磁场强度稳定,灯丝发射不稳定也会导致信号的不稳定;压强和温度的波动也会对测试结果产生误差。对于 5 min 的测试,仪器信号稳定度应为 $2×10^{-4}$。

八、放大器动态范围

放大器动态范围(amplifier dynamic range)是常被关注的仪器指标,关系到对不同含量样品的适用性问题。不同 *m/z* 的离子束落入相应的法拉第接收杯中,产生 fA(10^{-15}A)到 nA(10^{-9}A)级的微弱电信号。质谱仪的计算机无法准确识别这样微小的信号，因此在每个接收杯上都配有自身的放大器和反馈电阻。当放大器使用了不同阻值的高阻后，其信号的动态范围就完全不同。

根据欧姆定律($U = I \times R$)可知，放大器的信号输出值是由它所用高阻的阻值决定的。使用较高阻值的电阻就能得到高数值的电压，但放大器输出电压动态范围的大小不等于接收到的离子流强度的强弱。以测定 CO_2 气体的碳同位素比值为例，对接收 m/z 44 和 m/z 45 离子束的放大器，分别配置的是 $3 \times 10^8\ \Omega$ 和 $1 \times 10^{10}\ \Omega$ 高阻；有的仪器则配置 $1 \times 10^9\ \Omega$ 和 $1 \times 10^{11}\ \Omega$ 高阻。经过计算，前者接收到的 m/z 44 和 m/z 45 离子流强度最高可达 167 nA 和 5 nA；而后者尽管标出的输出电压范围较高，但它的接收杯上接收到的离子流强度最高值仅为 100 nA 和 1 nA。

九、峰顶平坦度

稳定同位素比质谱仪产生的信号峰多为矩形平顶峰，峰顶平坦度(peak flatness)，即同位素质谱峰平顶的斜率，反映了离子束的质量。为了消除高压的增加对峰顶平坦斜率的影响，必须进行此项指标的测试和校正。测试方法是，先提高加速电压，后降低高压，测量两次峰强，最后峰强的结果以两次测量的平均值表示。

由于测得的峰强与加速电压(即离子能)成函数相关，于是在高压扫描过程中，这种效应会轻微地影响质谱峰的强度。为了消除这种效应，需进行"能量校正"，在参数优化的峰中心质量周围测峰顶的离子束强度，也可以测定不同接收杯和不同气体的峰顶平坦度（如 m/z 45 的 CO_2 峰在接收杯上的峰强）。

十、峰形

峰形(peak shape)是指相应接收杯上离子光学的成像状况，特指离子光学系统和接收杯的准直性能。一个峰的峰形，可通过改变电场或磁场在相应接收杯上形成的离子光学成像而获得。稳定同位素比质谱仪测定元素同位素比值时，为了获得准确、精密的结果必要求离子束流十分稳定，其峰形一般呈矩形平顶峰，与其他类型质谱仪分析时所得到的峰形截然不同(图1-14)。但是，对于连续流进样的稳定同位素比质谱仪，虽然参考气的峰形仍为矩形平顶峰，但样品气的峰形受色散效应影响，是高斯型的尖峰。

十一、放大器测试

放大器测试(amplifier test)是检查稳定同位素比质谱仪在没有离子流时离子检测系统的性能，它代表的是电气部件本底噪声的状况。

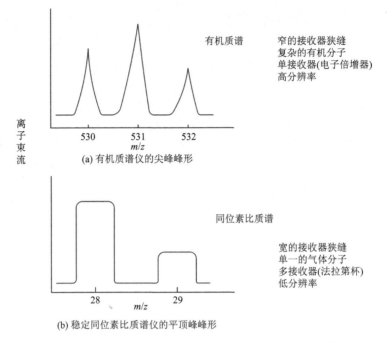

图 1-14　气体同位素质谱仪与有机质谱仪的峰形比较(曹亚澄等, 2018)

　　放大器的基线必须在无干扰信号下进行测试。开始测量以前关闭离子源，在离子流等于 0 时分别测量每个接收杯的信号强度，在 300 s 积分时间内至少测量 200 次，最后计算平均值和标准偏差。

十二、系统稳定度

　　系统稳定度(system stability)主要反映的是质谱仪加速电压稳定性和磁场强度稳定性，是磁质谱仪的一项重要而综合性的技术指标。高压和磁场的微小变化都会显著影响质谱峰信号强度，引起峰值偏移，直接影响样品检测数据的精确度和准确度。

　　良好的峰形和较高的分辨率是仪器稳定的必要条件。离子源内灯丝的更换、离子源拆洗后的重新装配及电磁铁位置的微小位移，都会使电子透镜的几何参数发生变化，从而改变峰形和仪器的分辨率。对使用时间较长的质谱仪，电器部件内部多个稳压电路的老化也会使仪器的系统稳定度下降。稳定同位素比质谱仪的系统稳定度一般应优于 1×10^{-5} V/30 min。

十三、精密度

　　精密度(precision)表示质谱仪进行重复测量时结果的一致程度，它只取决于随机误差的分布，与真值或规定值无关。常以测定 6～10 次的"次间"相对标准偏差为基础，并辅以一定的误差置信水平来表达。

精密度通常分为内精度和外精度，有仪器的内、外精度，也有元素同位素比值测定的内、外精度。

(一) 内精度

内精度(internal precision)一般是指用一个样品在质谱仪上多次连续测定结果的精密度，它主要用于评价仪器的工作性能和稳定性。对于稳定同位素比质谱仪，仪器的内精度测试可以在双路进样系统上进行，也可以用参比气体(reference gas)做零富集度(或称 on/off)测试(图 1-15)。用稳定同位素比质谱仪测定碳、氮同位素比值时，仪器的内精度一般控制在 0.06‰左右。

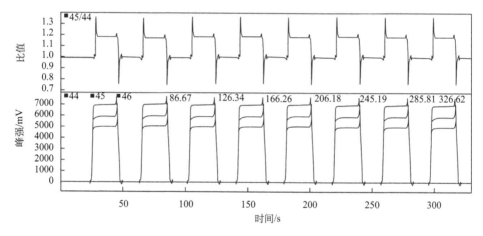

图 1-15　CO_2 参比气体零富集度测试谱图(曹亚澄等, 2018)

样品的元素同位素比值测定也有内精度，通过在一段时间里连续重复测定同一个气体样品，计算结果的标准偏差即为测定结果的内精度。例如，用水平衡法预处理的样品，一针进样后连续出现了 7 个样品峰，得到 7 个测定结果的标准偏差即为内精度。

(二)外精度

外精度(external precision)用来考察整个分析过程(进样过程和分析过程)的重现性，它对分析工作而言更实用、更重要。采用同一样品进行 3～6 次重复进样和测定，所得结果的标准偏差作为外精度的度量值。外精度的数值一般会比仪器的内精度差很多。例如，对碳、氮同位素分析，外精度通常控制在 0.1‰～0.5‰。不同的样品制备方法会影响外精度。另外，氢、氧元素同位素分析的误差会更大一些。

十四、准确度

准确度(accuracy)通常指测量结果与"真值"之间的一致程度。因此,相当长的时间里都习惯地将准确度理解成一种对测量值与"真值"或测量值与"约定值"吻合程度的评价。现在"准确度"概念逐渐被"不确定度"替代。不确定度是表征合理地赋予被测量值的分散性,与测量结果相联系的参数。在测量结果的完整表述中,应包括测量不确定度。然而,"准确度"仍可作为一种定性的概念,对仪器的测量性能、测量方法和测量结果进行评价和描述。对元素同位素比值测定而言,应经常使用有证标准物质(固体或气体样品)进行检测,观察测试方法和质谱仪器测定结果的准确性,即测量结果与有证标准物参考值的吻合度。

可以用"打靶"结果形象地描述仪器精密度和准确度的差别(图 1-16)。

(1)仪器既精密又准确(左图),系统误差很小,这是最理想的。

(2)仪器精密度很好,但不够准确(右图),存在着严重的系统误差。对这类仪器,必须采用测试标准样品的方法进行检验和校正(详见第二章第一节)。

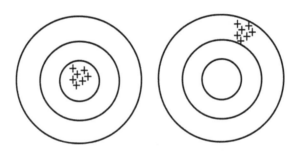

图 1-16　稳定同位素质谱仪准确度和精密度

思考与讨论

1. 简述稳定同位素比质谱仪的工作原理与基本组成。
2. 简述稳定同位素比质谱仪的主要技术指标及其意义。

第二章 稳定同位素比质谱仪测定值的精准性与数据校准

稳定同位素比质谱仪是一种精密的大型分析仪器，需要注意的是它的测定结果的准确度并不高。通常测定值需要经过校准和溯源过程，才能保证其准确度和可比性。本章主要介绍稳定同位素比质谱仪测定值的精准性与数据校准，以及测定结果的比对方法。

第一节 稳定同位素比质谱仪测定值的校准

稳定同位素比质谱仪采用的是相对测量方法，测定结果是相对于参考气或实验室工作标准物质的比值结果，而不是绝对同位素比值。不同实验室所使用的参考气或工作标准物质可能差异很大，所以仪器测定的结果仅仅是样品元素同位素比值的测定值，还需要经过严密的校准、溯源过程，才能得到其"真实值"。同时，在分析过程中，由于质谱仪器和分析方法自身存在不可避免的误差，都可能使测定的元素同位素比值偏离样品的"真实值"，也需要对测定值进行检验和校准。本节介绍稳定同位素比质谱仪测定值的精准性、溯源性和校准方法。

一、稳定同位素质谱分析的影响因素

稳定同位素比质谱仪分析主要包括以下过程：①样品制备(也称前处理)，即把样品转化成适宜质谱仪分析的气体；②样品经进样系统引入离子源；③气体分子或原子被电离形成离子束；④由质量分析器分离成不同 m/z 的离子束；⑤不同 m/z 离子束的接收和检测，以及数/模转换；⑥最后以图谱或同位素比值提供测定结果。在这些过程中，样品的性质(如浓度、渗透性、杂质等)、仪器的状态/性能(如核心部件的性能、稳定性等)及环境条件(如温度等)等因素都会影响质谱分析，主要表现在以下 6 个方面。

(一)记忆效应

记忆效应是指在测量不同丰度的同位素样品时，残留在仪器进样系统、离子源和分析管内的前次样品对后次测量结果的影响。这一效应在稳定同位素比质谱

仪分析中表现比较明显，两次分析样品间的元素同位素丰度差别越大，记忆效应的影响越大。

气体样品的渗透性较强，在接触的进样管道、离子源和分析室金属组件的内表面容易产生吸附和渗透现象。新样品气体一旦进入就会与之发生交换反应，或与解吸的吸附气体混合导致新样品的测定结果产生偏差。气体的吸附与解吸是分析中产生记忆效应的根本原因。记忆效应的影响程度主要取决于下列几个因素。

1. 样品的性质

像氢化物和硫化物之类的气体渗透性较强，当样品压力增加到一定程度时，残存的气体不但吸附在金属的表面，而且有可能深入管道的内部，造成深度吸附。所以，尽管从理论上讲，标准配置的稳定同位素比质谱仪可以测定硫同位素比值，但一般不主张测定碳、氮、氢、氧同位素比值的仪器同时又测定硫。因为测定硫同位素比值时产生的 SO_2 气体对金属管道有腐蚀作用，吸附和渗透力极强，且不易消除其影响。

2. 气体的进样量

在保证仪器最佳测定条件下，应尽量减少气体的进样量，缩短样品在管道、离子源的停留时间，避免吸附和渗透现象的发生。

3. 样品间丰度的差异

自然丰度样品间的元素同位素比值差异相对较小，而富集同位素示踪样品间元素同位素比值的差异很大，分析这类样品时应该十分注意记忆效应带来的误差。通常前后样品的同位素丰度和进入样品量之间的差异越大，记忆效应表现越严重（表 2-1）。为克服或减少记忆效应，应尽可能降低样品用量，样品的测定顺序应以元素同位素丰度从低到高排序，并经常对仪器的进样系统、离子源和分析管道进行烘烤抽气。

表 2-1　进样系统管道中的记忆效应（曹亚澄等，2018）　　（单位：atom%）

| 处理 | 第 1 次进样 | 第 2 次进样 | | 第 3 次进样 | | 第 4 次进样 | |
	已知 ^{15}N 丰度	已知 ^{15}N 丰度	测得 ^{15}N 丰度	已知 ^{15}N 丰度	测得 ^{15}N 丰度	已知 ^{15}N 丰度	测得 ^{15}N 丰度
1	1.16	0.363	0.367	0.363	0.363	—	—
2	2.34	0.363	0.375	0.363	0.363	0.363	0.363
3	10.05	0.363	0.413	0.363	0.367	0.363	0.363

(二)分馏效应

同位素分馏是指元素的同位素之间由于核质量的差异，其物理和化学性质存在的微小差别。由于这种微小的性质差别，在经物理的、化学的或生物的反应后，研究体系的不同相(如反应物或生成物)中的元素同位素比值会发生微小的但可测量的改变。例如，轻质量的同位素比重质量的同位素优先参与反应过程，反应生成物偏于富含轻质量同位素，而起始的反应物中偏于富集重质量同位素，这是一种核特性效应。轻元素(如碳、氢、氧、氮、硫)同位素间的相对质量差较大，同位素分馏效应更为明显。

样品前处理过程中存在的同位素分馏效应，主要是由于样品转化不完全或样品吸收不彻底造成的。例如，在弱碱条件下蒸馏 NH_4^+ 或加入达氏合金还原 NO_3^- 时，蒸汽蒸馏第 1 分钟，氮的回收率已达 80%以上，但测定到的氮同位素比值却明显偏负；第 2 分钟蒸馏出剩余的少量氮，其量只占总氮量的 9%左右，而氮同位素比值显著偏正(表 2-2)。所以蒸汽蒸馏的时间必须控制在 5 min 以上，保证样品中 NH_4^+ 蒸馏完全，避免同位素分馏现象。

表 2-2　蒸馏时间对氮回收率及 $\delta^{15}N$ 值的影响(曹亚澄等，2018)

样品	处理	氮回收率/%	$\delta^{15}N_{Air}‰$
硝酸钾	蒸馏第 1 分钟收集的馏出液	89.1	−30.33
	蒸馏第 2 分钟收集的馏出液	9.5	−10.90
	蒸馏第 3 分钟收集的馏出液	1.4	—
	蒸馏 5 分钟的全部馏出液	100.0	−26.87
氯化铵	蒸馏第 1 分钟收集的馏出液	91.1	0.01
	蒸馏第 2 分钟收集的馏出液	8.1	12.01
	蒸馏第 3 分钟收集的馏出液	0.8	—
	蒸馏 5 分钟的全部馏出液	100.0	1.54

使用稳定同位素比质谱仪进行分析时，气体流速的不同也会产生同位素分馏。气体样品在进样系统中的流动状态是产生同位素分馏的主要原因。因此，稳定同位素比质谱仪一般都采用黏滞流的进样方式，以减少同位素分馏效应。

(三)叠加峰的影响

样品中所含的杂质分子随样品气体一起进入离子源，电离后可能产生与样品相同 m/z 的离子峰，形成谱线的叠加，干扰元素同位素比值的精确测量，这种现象称为叠加峰的影响。例如，使用湿氧化法测定氮同位素比值时，如果在化学制备过程中浓酸分解不完全,会产生甲胺、乙胺和二乙胺等易挥发性含氮杂质气体。这些气体随 N_2 进入离子源,电离形成 m/z 为 45、31 和 29 的复合离子峰,不但会引起离子束强度不稳定的波动,而且会叠加在氮同位素的 m/z 29 $[^{14}N^{15}N]^+$ 峰上,产生虚假的富集,影响氮同位素比值的准确测量。

(四)强峰拖尾的影响

强峰离子在磁场和检测器之间的传输过程中,与管道中的气体碰撞产生偏离轨道的散射离子,它们在强峰的两侧弥散展开,形成的拖尾峰绵延至邻近的质谱峰上,此现象称为强峰拖尾。它会叠加在相邻的弱峰上,影响元素同位素比值的准确测量。由于接收器接收的散射离子在强峰低质量一侧多于高质量一侧,这是在强峰的两侧测量丰度灵敏度不一致的主要原因。

(五)本底的影响

稳定同位素比质谱仪的测量本底是指仪器离子源未进入样品状态下,在所测量的质量区段内,仅仪器系统产生的信号,常包括两部分:

(1)极限真空下离子源内的残余气体,以及进样管道、离子源组件和分析管道表面吸附的气体和水蒸气的解吸。这些气体经电离产生的离子将以本底值贡献给样品的测试结果。

(2)测量系统的电子学器件性能引起的信号,如放大器零点漂移、噪声和信号衰减时间的延长导致的拖尾峰等。

第一类本底可采取措施加以克服,如对质谱仪的进样系统、离子源和分析管道适时地加热除气,提高真空度;适当加大气体样品的进样量,以减少仪器本底对测量值的影响;使用高纯 He(纯度≥99.999%),减少气体中杂质的影响。在无法消除本底峰时,可采用扣除本底值的办法,最简单的扣除方法是,在完全相同的测试条件下,测量气体样品进入前后的信号值,再从样品测得数值中减去两次本底值的平均数。

(六)离子源电参数的影响

在稳定同位素比质谱仪的电参数中,有决定质量峰位的参数,如磁场强度和加速电压;有影响离子流强度的参数,如灯丝电流和电子阱电压等;也有调整离子束流的几何形状的参数,如屏蔽板、各种棱镜和多种偏转极。下面几类参数对元素同位素比值测定会产生显著影响。

(1)引出电压,即引出极与电离盒之间的电位差,会对带电离子在离子源内停留时间产生影响。当引出电压增大时,离开电离盒的正离子数增多,电离盒内的正离子数随之减少,电离盒中样品气体密度降低,碰撞概率减少,电离效率就会下降，此时会导致仪器的灵敏度下降，却提高了质谱仪器的线性，反之亦然。

（2）电子能量，即离子源灯丝与电离盒之间的电位差，影响着离子源内激发能的分布状态，特别是对气体分子碎片离子的形成影响很大。

（3）仪器的线性，它会影响气体分子在离子源内碰撞的频率。良好的线性度表示元素同位素的比值在一定的范围内不受电离室内样品气压强的影响。

稳定同位素比质谱仪在开始测定工作前，需对离子源电参数聚焦调谐，一般有两种聚焦模式：

（1）线性模式，连续流进样的稳定同位素比质谱仪一般用线性模式。使用较高的引出电压（80%～100%），仪器的线性为最佳。

（2）灵敏度模式，双路进样的稳定同位素比质谱仪一般在灵敏度模式下工作。使用较低的引出电压（20%以下），仪器的离子源在灵敏度模式下工作。

二、稳定同位素比质谱仪测定值的精准性

如同打靶一样，稳定同位素比质谱仪分析测试结果通常会出现以下 4 种情况（图 2-1）。

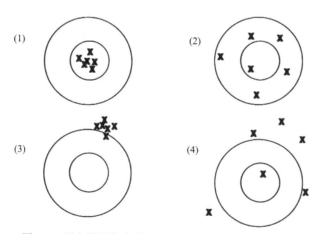

图 2-1　测定结果存在的 4 种分布状态（曹亚澄等，2018）

第 1 种情况，分析测试结果既精密又准确，系统误差和随机误差都很小，是一种最理想的测试结果，实际测定中并不多见。

第 2 种情况，测试结果准确但不精密，随机误差较大，对这类结果应增加重复测量次数，用统计的办法降低测定的随机误差。

第 3 种情况，测定结果的精密度很好，但不够准确，测量中存在明显的系统误差，实际测定中经常见到。对这类分析测试结果，必须使用可溯源的同位素标准物质进行校正和溯源，消除因参考气/工作标准差异，或测量方法/仪器自身的系统误差产生的偏离。

第 4 种情况，分析测试结果中既包含有明显的系统误差，又存在很大的随机误差，测定结果既不精密又不准确，这类结果属于分析测试工作中不能采用的测量结果，应予以废除，并全面检查样品前处理、仪器状态等因素。

测量结果的精准性是随机误差和系统误差的综合体现。进样量不同、仪器电参数偶然变化引起离子束流强度的波动等，都会产生测量结果的随机误差。随机误差可以通过多次重复测量的方法，按一定方式计算出它的大小。而系统误差则是由于质谱仪自身存在的同位素质量歧视、强峰拖尾和放大器非线性等仪器设计局限带来的误差。通常使用同位素标准物质检验和校正系统误差。

精密度和准确度是两个截然不同的概念。精密度是稳定同位素比质谱仪分析的基础，它遵从统计规律，可在特定条件下用标准偏差加以表示。准确度是一个定性的概念，没有严格的计算公式，也无法用确切的数值表达，但它是稳定同位素比值质谱仪分析的实质。必须保证稳定同位素比值质谱仪分析结果准确可靠，使其具有溯源性和可比性。

三、稳定同位素比质谱仪测定值的溯源性

溯源性是测量学的属性，定义为通过一条具有确定不确定度的连续比较链，使测量结果、测量标准值能够与规定的参考基、标准，通常是与国家测量基、标准或国际测量基、标准联系起来的特性。

元素同位素比值测定能够提供元素同位素的丰度和比值信息，它的溯源性应该体现在质谱仪检测系统接收和记录的元素同位素离子数量的比值上，能真实代表被测样品中元素的两种同位素原子数的比值。元素同位素比值量值属化学测量量值的范畴，为了保证量值的传递和溯源，元素同位素比值量值也同样取决于测量装置、有证标准物质和正确的分析方法 3 个要素。

从实验室获得测定值开始，借助标准物质、标准方法，再通过基准物质、权威方法的连续比较，最终溯源到国际基本单位，组成了一条连续比较的溯源链（图 2-2）。因此，一般认为可溯源的测定值在国内或国际上都具有一致性和可比性。

但绝大多数的同位素比值量值又不同于其他化学测量量值，它是采用相对测量获得的，即将待测样品的元素同位素比值（R_{sa}）与某一标准物质的元素同位素比值（R_{st}）作比较，以样品的元素同位素比值相对于某一标准物质的元素同位素比值的千分差（δ 值）表示。很明显，δ 值的大小与所采用的标准有关。国际上对不同元素的同位素比值都有规定的国际基准品（详见本章第二节），是由国际原子能机构（IAEA）和美国国家标准及技术研究所（NIST）颁发，作为世界范围内比较的基点和标准，即零 δ 值的物质。将元素同位素比值的测定值追溯至世界范围的零点值进行比较，是同位素比值量值溯源性的比较链。不同样品之间的某一元素同位素比值的比较，均需要溯源到相应的国际基准品才有意义。

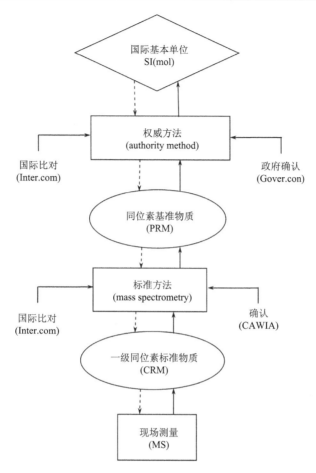

图 2-2 同位素测量量值的溯源链(曹亚澄等, 2018)

为了获得具有溯源性和可比性的元素同位素分析结果，一般可采用以下两种方法：①使用不同等级的同位素标准物质，定期或不定期地穿插在日常的质谱分析过程中，检验质谱仪和分析方法所得测定结果是否准确、可靠；②积极参与国内或国际实验室间的比对，以验证对元素同位素比值的检测能力，同时也能检验测定结果的可比性。

四、稳定同位素比质谱仪测定数据的校正(标准化)

在稳定同位素比质谱仪分析过程中，样品的测定结果是相对于实验室的参考气或工作标准物质的数值，需要将测定值溯源到相应的国际基准品，获得样品的"真实值"。而且，分析方法和质谱仪自身存在固有的误差，即从样品的前处理、样品被引入仪器、样品在质谱仪中的电离及离子的检测等都可能产生误差，使测量值偏离样品的"真实值"。因此，必须利用具有溯源性的有证同位素标准物质检验分析方法和校准仪器设备，以获取分析方法和测量仪器系统误差的校正系数，通过测定值与校正系数的相应关系最终获得接近"真实值"的理想测定结果，这个过程称为元素同位素比值测定结果的校正或标准化。

常用的校正方法有三种：①实验室参考气校正，②单点校正，③两/多点校正。方法①适用于无需复杂前处理的样品测定结果校正，如土壤/植物样品的全氮、有机碳测定和气态样品。钢瓶参考气需压力稳定，并且已经由标准物质校正并溯源到相应的国际基准品，校正公式如下：

$$\delta_{\text{SA-ST}} = \delta_{\text{SA-Ref}} + \delta_{\text{Ref-ST}} + \frac{\delta_{\text{SA-Ref}} \times \delta_{\text{Ref-ST}}}{1000} \tag{2-1}$$

式中，$\delta_{\text{SA-Ref}}$ 为相对于实验室参考气的测定值；$\delta_{\text{Ref-ST}}$ 为实验室参考气相对于国际基准物质的标出值。

对于需要经过一系列前处理的样品，如土壤无机氮，需要采用方法②和③，才能消除前处理过程中产生的误差。单点校正的方法曾被广泛使用，由于仅使用一种标准物质，一旦样品的丰度值与标准物质差距变大，校正结果的不确定度会相应增加。

目前较通用的校正办法是，采用两种或两种以上不同丰度的同位素标准样品，丰度尽量覆盖样品的丰度范围，在相同的实验条件下和同一台稳定同位素比质谱仪上，以多点测量的方式获得一条相关性很好的校正曲线，曲线的 x 轴是标准样品的测定值，y 轴是标准样品的标出值（或真实值），得到直线方程：$\delta_{\text{标}}/\delta_{\text{真}} = a \times \delta_{\text{测}} + b$（图 2-3），将样品的测定值代入方程，即可获得所测样品的"真值"。这种方法称为多点校正，对于相同的标准物质，直线方程的斜率变化能反映测定过程

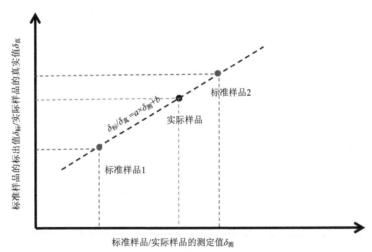

图 2-3　元素同位素比值测定结果的两（多）点校正法

中的诸多误差和不确定性，比单点校正更准确，所适用的同位素丰度变幅更宽，被国际原子能机构推荐使用，是目前公认的最佳校正方法。

第二节 稳定同位素标准物质及其分类

参比物质(reference material，RM)，习惯上被称为标准物质，是具有一种或多种足够均匀和确定了特性量值，用以校准测量仪器、评价测量方法或给材料赋值的材料或物质。本节介绍稳定同位素标准物质的特点和分类。

一、标准物质的特点

(1)候选物质应具有代表性和适用性。

(2)可进行成批制备，并具备重新复制的特点。

(3)最小包装单元之间及单元内部具有良好的均匀性。

(4)在有限期内具有良好的稳定性。

(5)测量的平均值即为该标准物质特征量的标准值。

(6)具有溯源性的基本特性,为测量值在国内、国际范围具有可比性提供保证。

作为稳定同位素标准物质，可以是纯的或者是混合的气体、液体或固体，可分别适用于气体进样、液体进样和固体进样 3 种进样系统的稳定同位素比质谱仪，而有些液态和固态的标准物质经不同方法制备后也适用于气体进样的质谱仪。

按稳定同位素标准物质标准值的计量特性,标准物质可分为同位素基准物质、同位素标准物质/有证同位素标准物质和实验室工作标准物质三种。

二、同位素基准物质

一般认为，同位素基准物质(primary reference material/international standard)是同位素标准物质中具有最高计量特性的物质,可作为计量或测量值的溯源源头，并通过量值传递研制出次级标准物质。同位素基准物质是由高纯同位素物质制备的、权威方法定值的、权威机构颁发证书的，并严格统一管理的最高计量标准。这类标准物质有纯天然的，也有人工合成的，甚至有的并不存在。它的作用是溯源测量值，一般无法购买，只是作为国际统一的同位素刻度标尺而存在。例如，$\delta^{13}C$ 对应 V-PDB(Vienna-Pee Dee belemnite)，$\delta^{15}N$ 对应空气氮气(air-N_2)，$\delta^{18}O$ 对应维也纳标准平均海水(Vienna standard mean ocean water，V-SMOW)，δ^2H 对应 V-SMOW 标准(表 2-3)。其中，V-SMOW 标准的前身是标准平均海水(standard mean ocean water，SMOW)，SMOW 本身并不存在，是研究人员为了比较不同海洋水体的氢、氧同位素比值而设立的，人为定义 SMOW 的氢和氧同位素 δ 值为 0。

后来，人为配制出（用蒸馏海水和普通水混合）很接近 SMOW 的水样并重新命名为 V-SMOW，并把它作为氢和氧水样的同位素基准物质。国际基准物质有些是纯天然的，比如来自南卡罗来纳州白垩系皮狄组美洲拟箭石（Pee Dee belemnite，PDB）是 ^{13}C 和 ^{18}O 的同位素刻度标尺，随着 PDB 耗尽后，1995 年开始使用 V-PDB（Vienna-Pee Dee belemnite）代替 PDB，二者的同位素组成非常接近，因此直接使用 V-PDB 代替了 PDB。类似的还有硫元素的稳定同位素基准品，最初使用美国代阿布洛大峡谷铁陨石中的陨硫铁（Canyon Diablo troilite，CDT），2001 年耗尽后使用 V-CDT（Vienna-Canyon Diablo troilite）代替 CDT，二者的同位素组成也视为相同。

表 2-3　氢、氧、碳、氮、硫的同位素国际基准物质（曹亚澄等，2018）

元素	δ 符号	丰度比值	国际基准品	轻同位素含量%	重同位素含量%	重/轻同位素丰度比
H	δD	D/H	维也纳标准平均海水 SMOW（V-SMOW）	99.984426	0.015574	1.5576×10^{-4}
O	$\delta^{17}O$	$^{17}O/^{16}O$	维也纳标准平均海水 SMOW（V-SMOW）	99.76206	0.03790	3.859×10^{-4}
	$\delta^{18}O$	$^{18}O/^{16}O$	维也纳标准平均海水 SMOW（V-SMOW）	99.76206	0.20004	2.0052×10^{-3}
	$\delta^{18}O$	$^{18}O/^{16}O$	南卡罗来纳州白垩系皮狄组美洲拟箭石 PDB 和 V-PDB	99.7553	0.2062	2.0672×10^{-3}
C	$\delta^{13}C$	$^{13}C/^{12}C$	南卡罗来纳州白垩系皮狄组美洲拟箭石 PDB 和 V-PDB	98.8944	1.1056	1.12372×10^{-2}
N	$\delta^{15}N$	$^{15}N/^{14}N$	空气 N_2	99.6337	0.3663	3.6765×10^{-3}
S	$\delta^{33}S$	$^{33}S/^{32}S$	美国代阿布洛大峡谷铁陨石中的陨硫铁 CDT 和 V-CDT	95.03957	0.74865	7.8772×10^{-3}
	$\delta^{34}S$	$^{34}S/^{32}S$		95.03957	4.19719	4.441626×10^{-2}
	$\delta^{36}S$	$^{36}S/^{32}S$		95.03957	0.01459	1.533×10^{-4}

需要注意的是，^{18}O 同位素的基准物质有两个，一般水体样品选择 V-SMOW，固体样品选择 V-PDB（碳酸盐样品中的氧），二者可通过公式 $[\delta^{18}O_{\text{V-SMOW}} = (1.0309 \times \delta^{18}O_{\text{V-PDB}}) + 30.9]$ 转换。

三、同位素标准物质/有证同位素标准物质

与同位素基准物质相比，同位素标准物质/有证同位素标准物质（reference material/certified reference material）是日常工作中经常使用的标准物质。它们通常是天然的或者是合成的某种化合物，且足够均匀，其同位素组成是根据基准物质标定得到的。这些标准物质多数都已经商品化。目前国际上通用的标准物质多数

都由国际原子能机构(IAEA)、美国国家标准与技术研究所(NIST)、欧盟标准物质与测量研究所(IRMM)研制。这类标准物质基本都是纯品,国际通用,通常作为同位素分析数据是否标准化的依据,可直接在国际网站上购买,但是价格较昂贵,时常限购或缺货。在选购国际标准物质时,需要注意选择与样品具有相似理化性质的标准物质,在丰度上尽量覆盖样品丰度的变化范围,选择2~3个标准物质,有助于建立标准曲线,校准元素同位素比值测定结果。

严格来说,标准物质和有证标准物质并不相同。有证标准物质是附有证书的标准物质,其一种或多种特性值用建立的溯源性程序确定,使之可溯源到准确复现的、用于表示该特性值的计量单位。而且每个标准值都附有给定置信水平的不确定度,在等级上高于标准物质。有证同位素标准物质是政府有关部门发放生产许可证的标准物质。在它的研制过程中,通常是由多家具有权威或同位素标准测量方法的实验室参与定值,或使用权威方法由同位素基准物质,经量值传递直接确定其特性值。它作为一种计量标准,通过量值的传递可实现结果的准确测量,在校准测量装置、评价测量方法、实验室认证、技术仲裁及确定特性量值中都具有重要作用。

适用于农业、土壤、生态和环境等研究领域的有证同位素标准物质,主要有GBW系列(中国国家标准物质)、NBS系列(美国国家标准物质)、IAEA系列(国际原子能机构标准物质)和USGS系列(美国地质调查局标准物质)的有证标准物质。国际上,关于碳、氮、氢、氧的有证同位素标准物质有很多。大多数是固体样品,也有水体样品和气体样品。在我国,有证同位素标准物质是目前具有最高计量特性的同位素标准物质,但适合农业、土壤、生态和环境研究得不多,主要有以下几种(表2-4)。

表 2-4 我国几种碳、氢、氧同位素的有证标准物质(曹亚澄等, 2018)

编号	品名	$\delta^{13}C_{V\text{-}PDB}‰$	$\delta^{2}H_{V\text{-}SMOW}‰$	$\delta^{18}O_{V\text{-}SMOW}‰$
GBW-04401	水样	—	-0.4 ± 1.0	0.32 ± 0.19
GBW-04404	水样	—	-428.3 ± 1.2	-55.16 ± 0.24
GBW-04405	灰岩	0.57 ± 0.03	—	-8.49 ± 0.14
GBW-04407	炭黑	-22.43 ± 0.07	—	—
GBW-04408	炭黑	-36.91 ± 0.10	—	—
GBW-04417	碳酸盐	-6.06 ± 0.06	—	-24.12 ± 0.19

四、实验室工作标准物质

实验室工作标准物质(internal laboratory standard)通常由单位或实验室自行

研制，不需要经主管部门批准，仅作为日常测量工作内部使用的标准物质。它也可以由一个实验室或几个实验室之间对某种选定的物质进行长期的、多种条件下的反复测试，经比对审定确定其元素同位素比值。但是这类标准物质不能作为技术仲裁或实验室认证的依据。与以上两种标准物质相比，这类物质原料易获取且均质，往往与待测样品成分接近，由各实验室根据平时测定样品的性质和特点，按规范程序制备，经标准物质标定，可溯源到国际基准物质。

实验室工作标准物质的选用和制备可以采用以下两种方法。

(一)自然丰度的实验室工作标准物质的制备

可以直接选用纯度较高的、混合均匀的、分析纯的化合物作为实验室工作标准物质。例如尿素，它的分子式为$(NH_2)_2CO$，分子量为 60，属有机氮化合物，其中含氮量为 46.67%，含碳量为 20%。它是适用于 EA-IRMS 的实验室工作标准物质。经实验室长期的、多种条件下的反复测试，可以确定它的氮同位素和碳同位素比值，以及测定结果的标准误差，也可以通过与其他几个实验室之间的比对，审定其碳、氮同位素比值。

(二)富集同位素的实验室工作标准物质制备

在测定富集 $^{13}C/^{15}N$ 同位素样品时，需要富集同位素的实验室工作标准物质。以制备 ^{15}N 富集同位素的实验室工作标准物质为例，可选择一种氮同位素自然丰度的物质(分析纯化合物)和另一种已知高 ^{15}N 丰度的物质(与前者同质为佳)，通过质量平衡方法可以计算出制备一定 ^{15}N 丰度的实验室工作标准物质所需的上述两种物质的混合配比：

$$A_\text{制} = (A_\text{自} \times m_\text{自} \times N\%_\text{自} + A_\text{富} \times m_\text{富} \times N\%_\text{富}) / (m_\text{自} \times N\%_\text{自} + m_\text{富} \times N\%_\text{富}) \qquad (2\text{-}2)$$

式中，$A_\text{制}$ 为要制备的目标丰度(atom%)；$A_\text{自}$ 为自然丰度值，氮素取 0.3663 atom%；$m_\text{自}$ 为自然丰度物质的质量；$N\%_\text{自}$ 为自然丰度物质氮的百分含量；$A_\text{富}$ 为富集同位素物质的丰度值(atom%)；$m_\text{富}$ 为富集同位素物质的质量；$N\%_\text{富}$ 为富集同位素物质氮的百分含量。

需要注意的是：

(1)如果使用很高丰度的富集同位素物质进行配制，还需要考虑元素的实际质量数。依据样品的元素同位素丰度(原子百分数，atom%)，可计算出样品中元素的原子量。以 ^{15}N 为例，14.0037 和 14.052 分别是自然丰度(0.3663 atom%)样品和 5.23 ^{15}N atom%样品的氮原子量。如果样品中 ^{15}N atom% 富集至 50.500 atom%，那么样品的氮原子量则为 14.505(即 15×50.500 % + 14×49.500%)。

(2)在制备过程中，为了确保两种 ^{15}N 丰度的物质混合均匀，一般不采用固体机械研磨混合的方式，而是先用溶剂(如水、无水酒精等)溶解，烘干后再研磨混匀。这样配制出来的富集 ^{15}N 工作标准物质可作为实验室内部 EA-IRMS 日常测量工作中的同位素标准物质。

使用上述方法可以配制出一系列不同碳、氮同位素丰度的实验室工作标准物质，可以是固体样品，也可以是气体样品。

(三)制备过程举例

以制备 ^{15}N 富集尿素的实验室工作标准物质为例。用 10 g ^{15}N 自然丰度尿素(^{15}N 自然丰度值为 0.3663 atom%)和 ^{15}N 丰度为 5.23 atom%的 ^{15}N 标记尿素，拟制备成 ^{15}N 丰度接近 2.20 atom%的尿素。用式(2-2)可得

$$2.20 \text{ atom\%} = (0.3663 \times 10 + 5.23x)/(10+x)$$

式中，x 是需要称取的高丰度尿素质量(g)；因为是同质，且所用的 ^{15}N 标记尿素的丰度不高，所以直接省去尿素含氮量项。

经计算，称取 6.05 g(^{15}N 丰度为 5.23 atom%的尿素)，能配制出 16.05 g ^{15}N 丰度为 2.20 atom% 的尿素实验室工作标准物质样品。

第三节　稳定同位素比质谱仪测定结果的比对

元素同位素比值的测定值，除了由一条比较链进行数值溯源外，还必须积极定期参加国内外实验室间的比对，验证实验室的检测能力，检验实验室元素同位素比值测定结果的可比性。所谓能力验证，是利用实验室间的比对，判定实验室的检测工作能力。实验室间的比对，应遵循国际标准化组织(ISO)和国际电子技术委员会(IEC)公布的 17025 准则《校准和检测实验室能力的通用要求》的规定。

一、实验室间比对的目的

进行实验室间比对的目的很多，主要是：

(1)确定某个实验室进行某些检测的胜任能力，并监控实验室的持续能力。

(2)识别实验室存在的问题，并制定相应的补救措施。

(3)确定新的检测和测量方法的有效性及可比性。

(4)增强实验室及其用户的信心。

(5)识别实验室间的差异。

(6)确定某种方法的性能特征。

(7)为标准物质赋值，并评估它们在检测程序中的适用性。

二、比对用检测材料

实验室比对所需要的检测材料，需谨慎选择、制备，被检测的材料必须符合以下要求：

(1)从材料源中随机抽取同一批次的次级样品，分发给参加检测的实验室，同一时间内完成检测。

(2)提供给参加检测实验室的检测样品必须均匀，以保证检测过程中所识别出的任何极端结果均不能归因于检测样品存在的变异。

(3)被检测样品可以有食品、水、土壤、植株及其他环境物质。

(4)被检测样品的包装和运输方法必须恰当，并能保护被测样品的稳定性和特性，不会使其产生任何显著变化。

(5)在评价了参加实验室的结果以后，剩余的被测样品可以作为实验室的参考物质，以便进行质量监控。

三、实验室间比对的步骤

实验室间比对检测计划的组织和协调者，在汇总所有检测结果时必须完成公议值的确定、能力统计量的计算及检测能力的评价。

(一)公议值的确定

在参加实验室间比对检测计划的实验室中，挑选出几个已知具有高精密度和高准确度的有效方法和稳定同位素比质谱仪的参考实验室，由他们对被检测样品的测定结果经过一定的统计计算，确定被检测样品的公议值(X)和标准偏差(S)。

(二)能力统计量的计算

通常需要把各个参加比对的实验室的检测结果转换成一个能力统计量，以便根据测定值与公议值的偏差说明其进行规定检测项目的检测能力，计算方法如下。

1. 参加实验室的测定值与公议值的差值($x-X$)

"x"是参加实验室的测定值，"X"是公议值，"$x-X$"也称为实验室偏离的估计值。

2. 采用 Z 比分表示统计量

Z 比分计算方法如下：

$$Z = (x-X)/S \tag{2-3}$$

式中，S 为公议值的标准偏差。

3. 进行检测能力评价

在进行检测能力评价时，Z 比分存在 3 种状态，分别代表测定值的满意程度。

$|Z| \leqslant 2$：评价为满意的测定值。

$2 < |Z| < 3$：评价为有问题的测定值。

$|Z| \geqslant 3$：评价为不满意的测定值。

4. 可采用图表显示检测能力

如果可能的话，可采用图表显示检测能力，如 Z 比分次序图(图 2-4)。

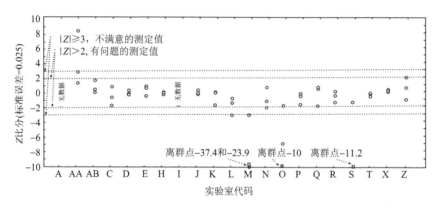

图 2-4　植株样品 ^{15}N 丰度比对分析结果示例(曹亚澄等, 2018)

(三)检测能力的评价

实验室间比对检测计划的组织和协调者，可谋求参考实验室的帮助，对参加实验室的检测能力提供以下几方面的评议：

(1)总体能力与原先期望值的比较。

(2)实验室内和实验室间的差异。

(3)误差的可能来源和改进检测能力的建议。

(4)向参加实验室提供一份完整的总结表。

(5)在检测能力验证中，不提倡对参加的实验室按能力列表排名的方式出具报告。

四、国际实验室间比对

国际实验室间的比对，经常由各国际组织[如联合国粮食及农业组织(FAO)、国际原子能机构(IAEA)等]发起，各实验室可自行申请参加，参加步骤如下：

(1)提出申请。实验室先向组织者提出申请，若被允准，组织者会给参与者设定一个实验室代码。

(2)获取样品。组织者每年给参加比对的实验室寄出 3 个盲样(植株)。

(3)进行测试。实验室按照自己制定的分析测试方法和仪器设备的测试条件，在规定时间内完成检测任务。

(4)报送结果。在分析测试结果报送截止日期前，实验室必须将详细的分析方法、所用的仪器设备和测试的分析结果报送给组织者。

(5)获得比对结果的报告。组织者负责确定检测样品的公议值、能力统计量的计算和对各参加实验室的检测能力进行评价。

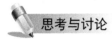
思考与讨论

1. 简述影响稳定同位素比质谱仪分析结果准确性的主要因素及其应对措施。
2. 简述稳定同位素标准物质的特点、分类和主要作用。

第三章 土壤和植物样品前处理方法与碳氮同位素质谱分析

正确的样品前处理操作方法是保证稳定同位素比质谱仪测定结果准确性的前提条件之一。土壤和植物样品是碳氮稳定同位素示踪研究中常见的样品形态，分析其全氮、有机碳的含量变化及稳定同位素特征，是研究氮碳循环过程的重要内容。本章主要介绍用于碳氮同位素比值测定的土壤和植物样品的前处理方法。

第一节 土壤和植物样品前处理技术与保存方法

稳定同位素示踪研究中获得的土壤和植物样品必须经过一定的前处理才能达到质谱仪分析的要求，不当的前处理和样品保存方法会影响质谱分析的准确性。本节介绍土壤和植物样品前处理技术与保存方法。

一、土壤和植物样品的干燥

野外采集或实验室试验获得的土壤样品首先需要进行干燥处理。干燥可分为两种处理方法，即风干(通常在气温 25~35℃，空气相对湿度为 20%~60% 较为适宜)和烘干(通常用恒温干燥箱，在 35~60℃ 条件下烘干)。一般采用风干处理方法，该方法简单、方便，且对土壤性状的影响较小。具体操作如下：

在阴凉、干燥、通风，且无特殊气体(如氯气、氨气、二氧化硫等)、无灰尘污染的室内，将土壤样品置于干净的纸张上(如牛皮纸)，铺成薄薄的一层。盛放样品的纸张或器皿要编号，而且还要将一个带编号(一般用铅笔写)的塑料标签放置于土中。在样品半干燥半湿润状态时，需要将大的土块捏碎(尤其是黏性土壤)，以免完全风干后结成硬块，难以进行研磨。风干时，各个土样应尽量处于同样的条件下。干燥期间注意防尘，避免直接曝晒。对于碳/氮同位素标记试验的土壤样品，风干时应注意区分不同 $^{13}C/^{15}N$ 丰度的样品，即分开放置自然丰度、低丰度和高丰度的土壤样品，防止交叉污染。

新鲜植物样品也需要进行干燥处理。先根据试验要求将植株分为不同器官(如茎叶、籽粒、果实等)，以避免干燥过程中各器官间的养分转运。在植物组织尚未萎蔫时，用蒸馏水清洗、擦干后，在 105℃ 烘箱中烘 15~30 min(杀青)，以中止植物体内微生物和酶的反应，防止活性物质或其他成分的分解。杀青后，再置于65～80℃烘箱烘干至恒重。注意不同部位、不同碳/氮同位素丰度范围的植物样品应分类放置，避免交叉污染。

二、土壤和植物样品的研磨和过筛

干燥后的土壤和植物样品需要进一步研磨、过筛处理，制备成待测样品。因为质谱仪的进样量少（土壤全氮分析需要 20～35 mg 样品，而土壤有机碳仅需要 2～3 mg 样品），所以样品是否均质对质谱分析的准确性影响巨大。根据样品特点，可选择玛瑙研钵、瓷研钵、球磨仪或植物粉碎机等合适器具进行研磨。土壤样品研磨前需要把细小根系等植物残体剔除，避免干扰测定，可用有机玻璃棒与绸布摩擦产生静电后，吸附清除植物残体。研磨后，土壤样品至少过 100 目筛，植株样品至少过 60 目筛。需要注意的是，研磨、过筛过程中，留在筛子上的样品需重新研磨，如此反复多次，直至全部通过筛网为止，不得丢弃和遗漏样品。研磨过程中应避免样品间的交叉污染，前一样品研磨结束后，必须彻底清洁研磨器具后才可进行下一个样品的研磨。另外，需要按照样品的元素同位素丰度从低到高排序后（根据试验条件和经验预估），再按顺序进行研磨处理。将过筛样品充分混匀，贮存，备用。

三、土壤和植物样品的保存

干燥、过筛后的样品，需及时装入封口袋密封，可常温干燥保存，也可以冷藏保存。用于稳定同位素比质谱仪分析的土壤和植物样品，也可在过筛后直接包裹在锡杯中（以下简称包样），放入带变色硅胶或 P_2O_5 的干燥器中，常温干燥保存。需要注意的是，经研磨、过筛、保存后的样品，特别是植物样品，在称重、包样前，需要在 60～80℃条件下再烘干 48 h，以消除水分对样品碳氮含量测定结果的影响。

四、注意事项

(1)样品处理过程中，避免交叉污染。

(2)因为质谱仪的进样量少，对样品均质性要求高。所以土壤样品至少需要过 100 目筛，植株样品至少过 60 目筛，以保证样品的均质性。

(3)样品要在干燥条件下保存。

第二节　土壤和植物样品的氮同位素质谱分析

当前土壤和植物样品全氮的氮同位素分析方法主要有两种，一种是湿氧化法，该方法需要离线制备样品，使用带双路进样系统的稳定同位素比质谱仪

(DI-IRMS)进行测定；另一种是杜马法，采用元素分析-稳定同位素比质谱联用仪(EA-IRMS)直接通过高温干燃烧测定。其中，EA-IRMS方法应用更为广泛，本节重点介绍该方法的原理和分析流程。

一、方法原理

湿氧化法一般用于分析无法彻底干燥、含有部分水分的样品，先采用凯氏消煮和蒸馏法将土壤中的全氮化合物转化为铵态氮(NH_4^+)，接着在真空条件下使用碱性次溴酸钠将 NH_4^+ 氧化为 N_2(氧化反应方程式为 $2NH_4^+ +4NaOBr \longrightarrow 4NaBr+4H_2O+N_2$)，产生的 N_2 供稳定同位素比质谱仪测定氮同位素比值(图3-1)。这是一种操作烦琐、需要特殊制样装置的方法，对样品的含氮量要求较高(约1 mg N)，制备的 N_2 中不能含有干扰质谱分析的杂质气体。

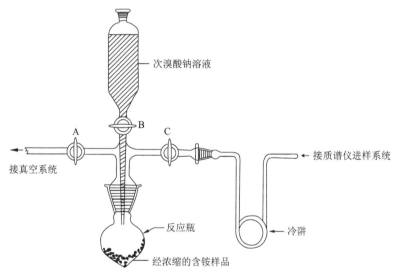

图 3-1　湿氧化法的离线制样装置

A、B、C 为密封阀门

杜马法的工作原理是采用元素分析-稳定同位素比值质谱联用仪(EA-IRMS)直接高温干燃烧测定(图 1-2)。用锡杯包裹固体粉末样品，经自动进样器载入元素分析仪的高温氧化炉中，在高浓度氧气条件下进行锡放热反应，在几秒钟内使燃烧温度达到 1800℃以上，将样品中的氮化合物转化为 N_2、氮氧化物和其他杂质气体的混合气体；反应生成的混合气体随氦气流进入还原炉，氮氧化物流经高温铜还原管后还原为 N_2；随即含 N_2 的 He 流再经化学阱去除 H_2O 和 CO_2；然后进入色谱柱进一步分离，分离纯化后的 N_2 样品通过专用接口进入稳定同位素比质谱仪中，进行氮同位素比值测定。N_2在质谱仪的离子源内被轰击电离成3种质荷比(m/z)的离子，即m/z 28 $[^{14}N^{14}N]^+$、m/z 29 $[^{14}N^{15}N]^+$和m/z 30 $[^{15}N^{15}N]^+$。根据离子流的强度可以获得样品的氮同位素比值($^{15}N/^{14}N$)，最后通过公式计算得出样品中的^{15}N丰度。该方法需氮量较少（$10\sim20$ μg N 便可测定），操作简单，无须特殊制样装置，便可实现样品中氮的百分含量和同位素比值的同步测定，是目前最常用的固体样品全氮含量及其^{15}N丰度的分析方法，下面详细介绍这种方法。

二、仪器、器皿和试剂

(一)仪器

(1)元素分析–稳定同位素比质谱联用仪(EA-IRMS)。

(2)百万分之一天平，用于样品的准确称量。

(二)试剂和器皿

(1)填入仪器氧化管的试剂，包括石英棉、三氧化二铬(Cr_2O_3)和镀银氧化钴(或银丝和氧化铜)。

(2)填入仪器还原管的试剂，包括石英棉和高纯还原铜。

(3)填入仪器化学阱的试剂，包括高氯酸镁(除水)和烧碱(除二氧化碳)。

(4)不同尺寸规格的锡杯，用于包裹不同质量的固体粉末样品(图3-2左)。

(5)96孔板，用于放置包好的样品(图3-2右)。

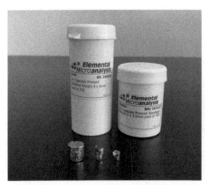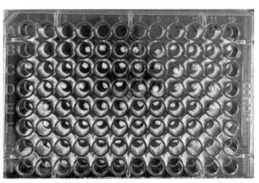

图3-2　不同尺寸规格的锡杯和放置样品的96孔板

三、操作步骤

(一)土壤和植物样品的前处理

见本章第一节。

(二)土壤和植物样品的称量和包样

1. 称量

根据样品的含氮量,用百万分之一天平准确称量样品。称取的土壤和植物样品不能过少,也不宜过多。样品量过少,分析时产生的信号值非常小,会影响测定结果的准确性;样品量过大,可能导致燃烧不完全,产生同位素分馏效应,也会影响测定结果的准确性。土壤样品的称重量一般在 $20\sim35$ mg(含 $20\sim80$ μg N),植物样品的称重量约为土壤样品的十分之一,即 $2.0\sim3.5$ mg(含 $20\sim80$ μg N)。

2. 包样

先将锡杯放置在百万分之一天平上,去皮,然后取下锡杯置于洁净的平板上,用小药勺将适量的研磨过筛的土壤或植物样品装入锡杯中,再放置在天平上准确称重。需要特别注意的是,如果锡杯中的样品量不在合适的范围,无论是要增加还是减少样品,都必须将锡杯取下,在洁净的平板上进行操作,否则会影响天平的使用。称量结束后,取下锡杯,置于洁净的平板上,用镊子轻轻闭合锡杯侧壁呈扁平状,压住锡杯底部,用另一只镊子适当用力压叠成紧密小圆球状,以尽量挤出杯内空气,避免空气中的 N_2 影响样品氮同位素比值的测定(图 3-3)。最后检查锡杯是否破损,如果破损,必须按照上述步骤重新包样。将包好的样品按编号依次放入 96 孔板的小孔中。为避免样品间的交叉污染,应先预估样品的 ^{15}N 丰度,按自然丰度、低丰度和高丰度顺序包样,包样过程应小心操作、防止粉末逸出。每包完一个样品,必须及时清洁包样工具和台面,可以用无水乙醇擦拭包样工具。

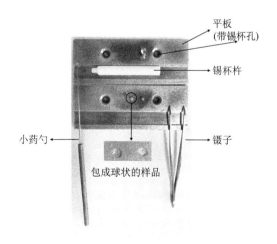

图 3-3 包样品的工具和包好的样品形状

(三)土壤和植物样品的氮同位素质谱分析

将包裹土壤或植物样品的锡箔小球放入 EA-IRMS 的自动进样盘中，设定仪器程序后开始自动测定。简言之，样品经过高温氧化、还原、去除水分和 CO_2、色谱柱分离纯化后，进入质谱仪进行分析。质谱仪的 3 个法拉第杯分别接收 m/z 28 $[^{14}N^{14}N]^+$、m/z 29 $[^{14}N^{15}N]^+$ 和 m/z 30 $[^{15}N^{15}N]^+$ 的离子流。在样品分析过程中，系统在固定间隔时间连续 3 次向离子源内送入 N_2 参比气体(工作标准)，计算机软件上显示 3 个参比气体的质谱峰，一般设定 2 号峰为工作标准峰(图 3-4)。根据工作标准 N_2 的标定值，即可将样品 N_2 中的氮同位素比值校正为 $\delta^{15}N_{Air}$‰值，即相对于空气中 N_2 的 $\delta^{15}N$‰值。在测定富集 ^{15}N 的土壤全氮样品时，可根据测定的 $\delta^{15}N$ 值计算得到 ^{15}N atom%值，即该土壤样品中全氮的 ^{15}N 原子百分数。元素分析仪中的热导检测器(TCD)根据样品峰与标准物质峰的比较测定出样品中氮的百分含量。

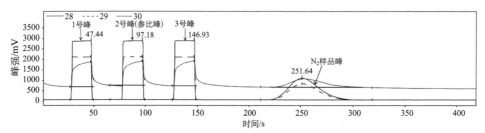

图 3-4　样品的全氮同位素质谱测定谱图

(四)简要操作流程

图 3-5 为土壤和植物样品中全氮同位素质谱分析操作流程图。

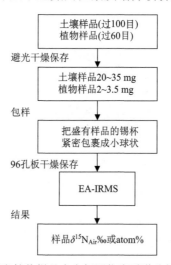

图 3-5　土壤和植物样品中全氮同位素质谱分析操作流程图

四、结果计算

(一)自然丰度样品的氮同位素比值

稳定同位素自然丰度一般都用 δ 值表示，它是被分析样品中某元素同位素比值与对应的国际同位素基准物质中该元素同位素比值的相对千分差，单位是‰，称为 per mill 或 permil。氮元素的 δ 值计算方法见式(3-1)。因为通常用空气中 N_2 作为氮同位素国际基准物质(air)，所以氮元素的 δ 值可表述为 $\delta^{15}N$ v.s$_{Air}$‰。

$$\delta^{15}N_{SA\text{-}ST}(‰) = \frac{R_{SA}}{R_{ST}} - 1 = \left[\frac{\left(\frac{^{15}N}{^{14}N} \right)_{SA}}{\left(\frac{^{15}N}{^{14}N} \right)_{ST}} - 1 \right] \times 1000 \qquad (3\text{-}1)$$

式中，$\delta^{15}N_{SA\text{-}ST}$ 为相对于国际基准物质的样品 δ 值；R_{SA} 为测得的样品氮同位素比值，即 $\left(\frac{^{15}N}{^{14}N} \right)_{SA}$；$R_{ST}$ 为国际基准物质，即 $\left(\frac{^{15}N}{^{14}N} \right)_{ST}$。结果通常保留两位小数。

(二)^{15}N 富集样品的氮同位素比值

一般采用原子百分数(atom%)表述 ^{15}N 富集样品中的氮同位素比值，单位为atom%：

$$^{15}N\ atom\% = \frac{^{15}N}{^{14}N + ^{15}N} \times 100 \qquad (3\text{-}2)$$

式中，$^{15}N\ atom\%$ 为样品中 ^{15}N 原子数占总的氮原子的百分数。结果通常保留三位小数。

(三)测定结果的计算

样品测定时，先与工作标准气体(与质谱仪连接)相对比较测量，接着将所得结果校准至国际基准(即空气中 N_2 的氮同位素比值)，具体计算如下：

$$\delta^{15}N_{SA\text{-}ST} = \delta^{15}N_{SA\text{-}Ref} + \delta^{15}N_{Ref\text{-}ST} + \frac{\delta^{15}N_{SA\text{-}Ref} \times \delta^{15}N_{Ref\text{-}ST}}{1000}$$

式中，$\delta^{15}N_{SA\text{-}Ref}$ 为样品的 $^{15}N/^{14}N$ 测定值相对于实验室工作标准气体的 $^{15}N/^{14}N$ 值的千分差(‰)；$\delta^{15}N_{Ref\text{-}ST}$ 为实验室工作标准气体的 $^{15}N/^{14}N$ 测定值相对于国际基准物质的 $^{15}N/^{14}N$ 测定值的千分差(‰)。

五、注意事项

(1)称取的样品重量要适量，以保证样品的信号值在仪器的检测限内，过多或过少都会影响测定结果。样品的氮量及其 ^{15}N 丰度都会影响样品的信号值，为了保证测定的准确性，自然丰度样品的氮量应不少于 10 μg N，以 20～80 μg N 为宜；^{15}N 富集样品的氮量可适当减少。

(2)包样过程中除了称重之外，其他所有操作都必须在洁净的平板上进行，严禁直接在天平上增减样品。

(3)包样过程应小心操作、防止粉末逸出；每完成一个样品，必须及时清洁包样工具和台面。

(4)最后检查锡杯是否破损，如果破损，必须按照上述步骤重新包样。

六、测定结果举例

表 3-1 和表 3-2 为使用 EA-IRMS 测定的国际原子能机构(IAEA)生产的氮同位素标准物质的结果。IAEA-305A(硫酸铵)和 IAEA-301B(尿素)为接近自然丰度的标准物质，参考值分别为 40.00‰和 243.90‰～245.40 ‰；IAEA-I-2、IAEA-D-2、IAEA-G-1 为富集丰度的标准物质，参考值分别为(1.186±0.003)atom%、(0.519±0.001)atom%、(1.194±0.002)atom%。按照本节介绍的操作流程，每个样品测定 4 次重复，IAEA-305A 和 IAEA-301B 平均值分别为(40.07±0.14)‰和(244.86±0.68)‰；IAEA-I-2、IAEA-D-2、IAEA-G-1 平均值分别为(1.187±0.003) atom%、(0.518±0.001)atom%、(1.192±0.003)atom%，均在参考值范围内，可见该方法的准确性非常高。

表 3-1　EA-IRMS 测定 2 种国际标准样品氮同位素比值的结果

重复	IAEA-305A(硫酸铵)	IAEA-301B(尿素)
	$\delta^{15}N_{Air}$ ‰	$\delta^{15}N_{Air}$ ‰
1	40.24	245.19
2	39.92	243.95
3	39.93	244.75
4	40.17	245.54
平均值±标准差	40.07±0.14	244.86±0.68
参考值	40.00	243.90～245.40

注：IAEA-305A(硫酸铵)和 IAEA-301B(尿素)为 IAEA 标准物质。

表 3-2　EA-IRMS 测定 3 种 IAEA 标准物质氮同位素比值的结果

重复	I-2 ^{15}N atom%	D-2 ^{15}N atom%	G-1 ^{15}N atom%
1	1.183	0.518	1.193
2	1.191	0.518	1.191
3	1.186	0.518	1.189
4	1.186	0.516	1.195
平均值±标准差	1.187±0.003	0.518±0.001	1.192±0.003
参考值	1.186±0.003	0.519±0.001	1.194±0.002

注：I-2、D-2、G-1 为 IAEA 标准物质。

第三节　土壤和植物样品中有机碳的碳同位素质谱分析

目前,最常用的固体样品有机碳的碳同位素质谱分析方法是元素分析-稳定同位素比质谱联用仪(EA-IRMS)方法。本节介绍其原理和分析流程。

一、方法原理

用锡杯包裹的固体粉末样品,经自动进样器载入元素分析仪的高温氧化炉中,经注氧高温燃烧后,将样品中的碳元素氧化为以 CO_2 为主的混合气体;混合气随 He 流流经还原管,进入化学阱去除 H_2O,然后进入色谱柱进一步分离,纯化后的 CO_2 气体通过专用接口进入稳定同位素比质谱仪,测定碳同位素比值。CO_2 在质谱仪的离子源内被轰击电离成 3 种 m/z 的离子,即 m/z 44$[^{12}C^{16}O^{16}O]^+$、m/z 45$[^{13}C^{16}O^{16}O]^+$、m/z 46$[^{12}C^{16}O^{18}O]^+$。根据离子流的强度获得样品碳同位素比值 $(^{13}C/^{12}C)$,最后通过公式计算得出样品中的 ^{13}C 丰度。

二、仪器、器皿和试剂

(一)仪器

(1)EA-IRMS。

(2)百万分之一天平。

(3)球磨仪。

(4)烘箱。

(5)pH 计。

(二)试剂和器皿

(1)填入仪器氧化管的试剂，包括石英棉、三氧化二铬(Cr_2O_3)和镀银氧化钴(或银丝和氧化铜)。

(2)填入仪器还原管的试剂，包括石英棉和高纯还原铜。

(3)填入仪器化学阱的试剂，高氯酸镁(除水)。

(4)不同尺寸规格的锡杯，用于包裹不同质量的固体粉末样品。

(5)96孔板，用于放置包好的样品。

(6)盐酸溶液 [$c(HCl)=6\ mol/L$]：吸取 120 mL 浓 HCl 溶液(优级纯)溶于 220 mL 水中。

三、操作步骤

(一)土壤和植物样品的前处理

见本章第一节。特别注意的是，土壤碳库分为有机碳库和无机碳库，无机碳的存在会干扰有机碳的碳同位素比值的测定结果，因此，对含碳酸盐的土壤样品，必须先去除无机碳，再进行测定。步骤如下：

取约 5 g 研磨后的土壤样品(过 100 目筛)置于 250 mL 三角瓶中，加入 20 mL 6 mol/L 的 HCl 溶液浸泡 48 h，直至无 CO_2 气体冒出，再用去离子水反复冲洗样品至 pH≥7，80℃下烘干土壤样品，研磨、过 100 目筛后，待测。对一些难分解的碳酸盐，还需在 HCl 溶液中加入少量的氢氟酸。特别需要注意的是，酸溶液浸泡后，一定要用去离子水反复冲洗样品至 pH≥7，否则残留的酸会损害仪器设备，并影响分析结果。对于没有石灰反应的土壤，如酸性土壤，不用进行该步骤。植物样品也不用进行该步骤。

(二)土壤和植物样品的称量和包样

根据样品的碳量，用百万分之一天平准确称量样品。土壤样品为 2～3.5 mg (20～50 μg C)，植物样品的称重量约为土壤样品的十分之一，即 0.2～0.35 mg (20～50 μg C)。一些有机碳含量较高的森林土壤，称样时需酌情减少称重量至 0.5～1 mg。包样步骤和注意事项与本章第二节相同。需要特别注意的是，称重和包样过程中，不能用无水乙醇擦拭包样工具，防止乙醇污染待测样品。

(三)土壤和植物样品的碳同位素质谱分析

包裹在锡杯中的样品经自动进样器进入高温氧化管，注入纯氧后瞬间高温燃烧，生成含碳(CO_2)、氮、硫等多成分的混合气体。混合气体随 He 流依次通过还原管、化学阱和色谱柱，纯化后的 CO_2 气体进入稳定同位素比质谱仪。开始测量时，系统在固定间隔时间内向离子源内送入 CO_2 参比气体，连续 3 次获得 3 个参比气体峰，一般设定 2 号或者 3 号峰为工作标准峰，在同位素质谱仪上接收 m/z 44 $[^{12}C^{16}O^{16}O]^+$、m/z 45 $[^{13}C^{16}O^{16}O]^+$、m/z 46 $[^{12}C^{16}O^{18}O]^+$ 的离子流(图3-6)。根据工作标准 CO_2 气体峰和样品 CO_2 气体峰的 m/z 44 和 m/z 45 离子流强度比，即可得到样品 CO_2 的 $\delta^{13}C_{V\text{-}PDB}$ ‰或 ^{13}C atom%的值。同时元素分析仪的热导检测器(TCD)根据样品峰与标准物质峰的比较测定出样品中碳的百分含量。

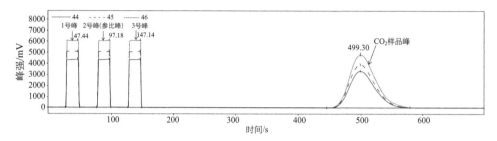

图 3-6　样品的有机碳同位素质谱测定谱图

(四) 简要操作流程

图 3-7 为土壤样品中有机碳同位素质谱分析操作流程图。

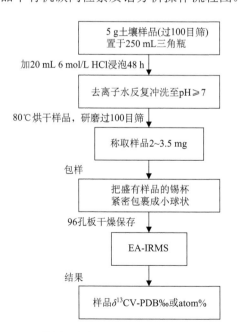

图 3-7　土壤样品有机碳同位素质谱分析操作流程图

四、结果计算

(一)自然丰度样品有机碳的碳同位素比值

碳元素的 δ 值计算方法见式(3-3)。因为碳同位素国际基准物质为采自白垩纪海洋化石的碳酸钙粉末的碳同位素比值(缩写为 V-PDB),所以碳元素的 δ 值可表述为 $\delta^{13}C$ v.s $_{V\text{-}PDB}$‰:

$$\delta^{13}C_{SA\text{-}ST}‰ = \frac{R_{SA}}{R_{ST}} - 1 = \left[\frac{\left(\frac{^{13}C}{^{12}C}\right)_{SA}}{\left(\frac{^{13}C}{^{12}C}\right)_{ST}} - 1 \right] \times 1000 \qquad (3\text{-}3)$$

式中,$\delta^{13}C_{SA\text{-}ST}$ 为相对于国际基准物质的样品 δ 值;R_{SA} 为测得的样品碳同位素比值,即 $\left(\frac{^{13}C}{^{12}C}\right)_{SA}$;$R_{ST}$ 为国际基准物质,即 $\left(\frac{^{13}C}{^{12}C}\right)_{ST}$。结果通常保留两位小数。

(二)^{13}C 富集样品有机碳的碳同位素比值

一般采用原子百分数(atom%)表述 ^{13}C 富集样品中有机碳的碳同位素比值,单位为 atom%:

$$^{13}C \text{ atom}\% = \frac{^{13}C}{^{12}C + ^{13}C} \times 100 \qquad (3\text{-}4)$$

式中,^{13}C atom% 为样品中有机碳的 ^{13}C 原子数占总的碳原子的百分数。结果通常保留三位小数。

(三)测定结果的计算

样品测定时,先与工作标准气体(与质谱仪连接)相对比较测量,接着将所得结果校准至国际基准(V-PDB),具体计算如下:

$$\delta^{13}C_{SA\text{-}ST} = \delta^{13}C_{SA\text{-}Ref} + \delta^{13}C_{Ref\text{-}ST} + \frac{\delta^{13}C_{SA\text{-}Ref} \times \delta^{13}C_{Ref\text{-}ST}}{1000} \qquad (3\text{-}5)$$

式中,$\delta^{13}C_{SA\text{-}Ref}$ 为样品的 $^{13}C/^{12}C$ 测定值相对于实验室工作标准气体的 $^{13}C/^{12}C$ 测定值的千分差(‰);$\delta^{13}C_{Ref\text{-}ST}$ 为实验室工作标准气体的 $^{13}C/^{12}C$ 测定值相对于国际基准物质的 $^{13}C/^{12}C$ 测定值的千分差(‰)。

五、注意事项

(1)称取的样品重量要适量,以保证样品的信号值在仪器的检测限内,过多或过少都会影响测定结果。样品的碳量及其 ^{13}C 丰度都会影响样品的信号值，为了保证测定的准确性，自然丰度样品的碳量在 $20\sim50$ μg 为宜；^{13}C 富集样品的碳量可适当减少。

(2)包样过程中除了称重之外，其他所有操作都必须在洁净的平板上进行，严禁直接在天平上增减样品。

(3)包样过程应小心操作、防止粉末逸出；每完成一个样品，必须及时清洁包样工具和台面，测定碳同位素样品时不能使用无水乙醇清洁包样工具。

(4)最后检查锡杯是否破损，如果破损，必须按照上述步骤重新包样。

(5)含碳酸盐的土壤样品，必须先用酸溶液去除无机碳。酸溶液浸泡后，一定要用去离子水反复冲洗样品至 pH≥7。

六、测定结果举例

表 3-3 为采用 EA-IRMS 测定的 2 种中国国家标准物质(GBW 系列)的碳同位素结果。GBW-04407(炭黑)和 GBW-04408(炭黑)的参考值分别为(−22.43±0.07)‰和(−36.91±0.10)‰。按照本节介绍的操作流程，每个样品测定 5 次重复，2 种标准物质平均值分别为(−22.49±0.05)‰和(−36.81±0.08)‰，均在参考值范围内，可见该方法的准确性非常高。

表 3-3　EA-IRMS 测定的 2 种中国国家标准物质(GBW 系列)的碳同位素结果

重复	GBW-04407(炭黑) $\delta^{13}C$ V-PDB‰	GBW-04408(炭黑) $\delta^{13}C$ V-PDB‰
1	−22.44	−36.76
2	−22.48	−36.70
3	−22.54	−36.83
4	−22.54	−36.87
5	−22.44	−36.91
平均值±标准差	−22.49±0.05	−36.81±0.08
参考值	−22.43±0.07	−36.91±0.10

注：GBW-04407(炭黑)和 GBW-04408(炭黑)为中国国家标准物质。

✏ **思考与讨论**

1. 简述土壤和植物样品的前处理技术与保存方法及其注意事项。
2. 简述土壤和植物样品的氮同位素质谱分析流程和注意事项。
3. 简述土壤和植物样品中有机碳的碳同位素质谱分析流程和注意事项。

第四章 土壤无机氮前处理方法和质谱分析

土壤无机氮主要包括铵态氮(NH_4^+)、硝态氮(NO_3^-)、亚硝态氮(NO_2^-)、氨(NH_3)、氮气(N_2)及气态氮氧化物等,其中 NH_4^+ 和 NO_3^- 是土壤中最主要的无机氮组分。土壤无机氮主要是微生物活动介导的氮转化过程产物,是土壤中主要的可利用氮形态,易被植物吸收,也易挥发和流失,是土壤氮循环研究关注的焦点。氮同位素示踪研究中,土壤无机氮的 ^{15}N 丰度是核心的数据指标,对于深入认识土壤氮素迁移、转化特征具有重要的作用。目前为止,还无法直接使用稳定同位素比质谱仪测定土壤提取液中无机氮的 ^{15}N 丰度,而是需要经过一系列的前处理,将其转化为固体或气体形式,再进行测定。本章主要介绍土壤无机氮前处理方法及其 ^{15}N 丰度测定。

第一节 土壤无机氮的提取和保存方法

土壤中无机态氮可分为水溶态、交换态及固定态等。在研究土壤无机氮含量或 ^{15}N 丰度特征时,首先需要依据研究目的,选用相应的提取剂(通常是水或中性盐溶液,如 KCl、$CaCl_2$)将目标无机氮浸提出来。本节简要介绍土壤无机氮的提取和保存方法。

一、浸提原理

(一)铵态氮

土壤 NH_4^+ 通常指土壤中交换性铵和土壤溶液中游离铵的总和。土壤中被土壤胶体吸附的 NH_4^+ 称为交换性铵。交换性铵和土壤溶液中游离铵的生物有效性高,可被植物吸收利用。土壤中还有一种固定在矿物晶格内的固定态铵,很难被植物吸收。目前一般多采用 KCl 溶液提取土壤中的 NH_4^+,其原理是将吸附在土壤胶体上的交换性铵及水溶性铵浸提出来。

(二)硝态氮和亚硝态氮

NO_3^- 和 NO_2^- 通常不会被土壤胶体吸附固定,多存在于土壤溶液中,移动性大。用 KCl 溶液可以同时将土壤中的 NH_4^+、NO_3^- 和 NO_2^- 浸提出来。

二、仪器、器皿和试剂

(一)仪器

(1)恒温振荡器。

(2)分析天平。

(二)器皿和试剂

(1)氯化钾提取液。

①氯化钾溶液[c(KCl)=1 mol/L]：称取 74.55 g 氯化钾(KCl，分析纯)溶于约 800 mL 去离子水中,溶解后转移到 1000 mL 容量瓶中定容,用于土壤 NH_4^+ 和 NO_3^- 的浸提。

②氯化钾溶液[c(KCl)=1.25 mol/L]：称取 93.19 g 氯化钾(KCl，分析纯)溶于约 800 mL 去离子水中,溶解后转移到 1000 mL 容量瓶中定容,用于土壤 NO_2^- 的浸提。

(2)磷酸盐缓冲液[c(KH$_2$PO$_4$)=1/15 mol/L，c(Na$_2$HPO$_4$)=1/15 mol/L]：称取 9.13 g KH$_2$PO$_4$(分析纯)溶于约 800 mL 去离子水中，溶解后转移到 1000 mL 容量瓶中定容。称取 9.53 g Na$_2$HPO$_4$(分析纯)溶于约 800 mL 去离子水中，溶解后转移到 1000 mL 容量瓶中定容。再将 KH$_2$PO$_4$ 溶液和 Na$_2$HPO$_4$ 溶液按不同比例混合，可配制成 pH 为 7.5 和 8.4 的磷酸盐缓冲溶液(表 4-1)，用于土壤 NO_2^- 的浸提。

表 4-1　pH 缓冲溶液的配制　　　　　　　(单位：mL)

pH	1/15 mol/L Na$_2$HPO$_4$	1/15 mol/L KH$_2$PO$_4$
7.5	84.1	15.9
8.4	98.0	2.0

(3)定性滤纸、漏斗和三角瓶等。

三、操作步骤

(一)铵态氮和硝态氮浸提

使用 1 mol/L KCl 溶液(也可用 2 mol/L)浸提土壤 NH_4^+ 和 NO_3^-：称取相当于 20.00 g 干土重的新鲜土壤样品(过 2 mm 筛),置于 250 mL 三角瓶中,加入 1 mol/L 氯化钾溶液 100 mL(液土比为 5：1),塞紧塞子,在恒温振荡器上以 250 r/min 振荡 1 h。用定性滤纸过滤悬浊液,将滤液储存在冰箱中备用。

(二)亚硝态氮浸提

NO_2^- 在土壤中代谢迅速、很不稳定，其浓度较低，通常小于 1 mg N/kg。水和盐溶液都可以用来提取土壤 NO_2^-。采用 KCl 溶液提取土壤无机氮是一种普遍使用的方法，但在提取酸性土壤 NO_2^- 时，其回收率很低，只有 21%～65%。用水浸提的方法虽能提高 NO_2^- 回收效率，但是土壤/水悬浮液较土壤/KCl 悬浮液难过滤，而且水浸提液中存在大量微生物，使提取液中的 NO_2^- 难以稳定储存。使用氢氧化钾(KOH)可短暂提高 KCl 浸提液的 pH，提高 NO_2^- 回收效率，但是土壤较强的缓冲能力，造成浸提过程中浸提液 pH 快速下降，NO_2^- 仍有较大损失，而且此方法操作烦琐、耗时。为保证浸提过程 NO_2^- 的回收效率和稳定保存，减少同位素分馏，需要改进提取方法。这里介绍一种使用 KCl 溶液混合 pH 缓冲溶液的浸提方法。该方法可稳定调节土壤浸提液的 pH，提高土壤 NO_2^- 的回收效率。具体方法如下：

将 1.25 mol/L KCl 溶液与磷酸盐缓冲液以 4 : 1 混合，获得具有 pH 缓冲能力的提取剂。称取相当于 20.00 g 干土重的新鲜土壤样品(过 2 mm 筛)，置于 250 mL 三角瓶中，加入上述提取剂 100 mL(液土比为 5 : 1)，塞紧塞子，在恒温振荡器上以 250 r/min 振荡 1 h。用滤纸过滤悬浊液，将滤液储存在冰箱中备用(储存时间不宜过长，<3 d)。该方法可以实现土壤中 NO_2^-、NH_4^+、NO_3^- 的同时提取。

对于 pH≤6.0 的酸性土壤，推荐使用 pH=8.4 的磷酸盐缓冲液；pH≥7.5 的碱性土壤，使用 pH=7.5 的磷酸盐缓冲液；6.0<pH<7.5 的中性土壤，可直接使用 1 mol/L 氯化钾溶液浸提。

四、土壤浸提液的保存

试验中获取的样品，常常因为分析能力的限制不能及时测定，需要在一定条件下储存。样品储存条件可能会影响其氮含量和 ^{15}N 丰度，因此需要慎重选择存储条件和存储时间。但是在实际的研究工作中，研究者普遍会忽略样品储存条件对试验结果的影响。

虽然土壤浸提液(KCl 溶液)是高盐溶液，但仍有部分活跃的耐盐微生物可能改变提取氮的形态和含量，通常采用冷冻(–20℃)和冷藏(4℃)的低温储存方式，以降低微生物生理活性，减缓无机氮变化速率，延长样品储存时间。储存过程中 NH_4^+ 和 NO_3^- 浓度和 ^{15}N 丰度的变化可能是生物、化学、物理过程导致的，如生物转化、挥发、沉淀、吸附等。此外，还可能与样品的氮素组成有关。在一些研究领域采取滤膜过滤技术减小微生物的影响，但很少有学者验证滤膜技术对储存过程中过滤液氮含量和 ^{15}N 丰度是否有影响。本节从存储温度、存储时间、土壤提

取液中 ^{15}N 丰度(自然丰度/富集丰度)及滤膜技术几个因素出发,推荐土壤浸提液的保存条件。

(一)氮自然丰度的土壤浸提液

(1)无论是 4℃冷藏还是-20℃冷冻条件下,土壤浸提液中 NO_3^- 的 ^{15}N 丰度只能稳定 10 d 左右(图4-1)。

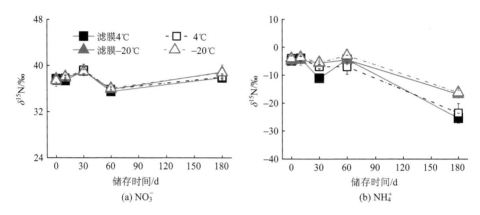

图4-1　不同储存条件下土壤浸提液 NO_3^- 和 NH_4^+ 的 $\delta^{15}N$ 值随储存时间的变化

(2)-20℃冷冻条件下,土壤浸提液中 NH_4^+ 的 ^{15}N 丰度可稳定 60 d 左右;但 4℃冷藏条件下,只能稳定储存 10 d 左右。

(3)过滤膜处理对储存过程中 NH_4^+ 和 NO_3^- 的 ^{15}N 丰度稳定性没有明显的影响。

(二) ^{15}N 富集的土壤浸提液

(1)无论是 4℃冷藏还是-20℃冷冻条件下,土壤浸提液中 NO_3^- 的 ^{15}N 丰度可稳定 160 d 左右(图4-2)。

(2)-20℃冷冻条件下, NH_4^+ 的 ^{15}N 丰度可稳定 30 d 左右,但是 4℃冷藏只能稳定 10 d 左右。

(三)亚硝态氮的保存

NO_2^- 极不稳定,建议不要储存,提取后立即前处理、测定。

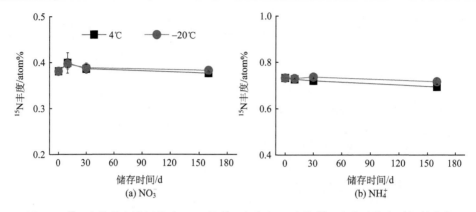

图4-2　^{15}N 富集的土壤浸提液 NO_3^- 的 ^{15}N 丰度和 NH_4^+ 的 ^{15}N 丰度随储存时间的变化

五、注意事项

(1) 土壤中的无机氮含量会受保存时间、水分含量、温度等因素的影响，一般用新鲜土壤样品提取。在示踪试验中采集的土壤样品应尽快(立即)提取。

(2) 如果只测定 NH_4^+ 和 NO_3^- 的浓度及 ^{15}N 丰度，可以直接用 KCl 溶液浸提。

(3) 如果需要测定 NO_2^- 的浓度和 ^{15}N 丰度，必须使用含有 pH 缓冲液(pH=8.4 或 7.5)的提取剂浸提，特别是酸性土壤。

(4) 冷冻(−20℃)和冷藏(4℃)均可用于储存土壤浸提液(NO_3^- 和 NH_4^+)。虽然冷冻储存可进一步降低微生物活性，减缓无机氮变化幅度，但是对不同形态和 ^{15}N 丰度的无机氮，其储存效果变化较大，且并无证据显示冷冻保存能有效延长保存时间。因此，应尽快完成无机氮浓度和 ^{15}N 丰度的测定。

(5) NO_2^- 极不稳定，建议不要储存，提取后立即前处理、测定。

(6) 0.45 μm 或 0.22 μm 的滤膜过滤虽能降低土壤溶液中的微生物数量，但并未明显影响储存过程中无机氮的 ^{15}N 丰度变化趋势，需谨慎使用。

第二节　氧化镁-达氏合金蒸馏法分离铵态氮和硝态氮

稳定同位素示踪试验中获取的土壤提取液，需要经过相应的前处理，将其中的 NH_4^+、NO_3^- 和 NO_2^- 分离，制备成稳定同位素比质谱仪可以测定的形态后，才能分析其 ^{15}N 丰度。目前有 4 种前处理方法可供使用，即氧化镁-达氏合金蒸馏法、微扩散法、化学转化法和反硝化细菌法。本节介绍氧化镁-达氏合金蒸馏法。

一、方法原理

氧化镁-达氏合金(MgO-Devarda alloy)蒸馏法是分离和测定土壤提取液中 NH_4^+、NO_3^- 和 NO_2^- 的传统方法。方法原理是：①先在土壤提取液中加入 MgO，在弱碱性条件下经蒸汽蒸馏分离出 NH_4^+；②继续在溶液中加入达氏合金，在碱性条件下将 NO_3^- 和 NO_2^- 还原成铵，经蒸汽蒸馏分离出 NO_3^- 和 NO_2^-；③另取一份新的土壤提取液，先加入氨基磺酸除去其中的 NO_2^-，再加入 MgO 经蒸汽蒸馏分离出 NH_4^+，之后再加入达氏合金经蒸汽蒸馏分离出 NO_3^-。第二步与第三步的测定结果之差即为 NO_2^- 的含量(由于土壤中 NO_3^- 含量通常远高于 NO_2^-，所以该方法误差较大)。由于土壤中 NO_2^- 含量通常都非常低，常常直接把第二步的结果作为 NO_3^- 的结果。

二、仪器、器皿和试剂

(一)仪器

蒸汽蒸馏装置。传统的蒸馏装置主要有两种型号(图 4-3)，现在也有半自动或全自动凯氏定氮仪可以使用。

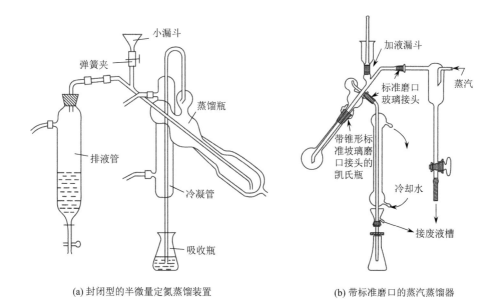

(a) 封闭型的半微量定氮蒸馏装置　　　　(b) 带标准磨口的蒸汽蒸馏器

图 4-3　两种型号的蒸汽蒸馏装置

(a)是全封闭的玻璃蒸汽蒸馏器；(b)为一种带蒸馏瓶的蒸馏装置，蒸馏瓶上具标准磨口，可自由拆卸，用于蒸馏大体积的提取溶液样品

(二)试剂

(1)氧化镁(MgO)：将氧化镁在高温电炉中于 600～700℃灼烧 0.5 h，放置于干燥器中冷却后，贮存于密闭的玻璃瓶中。

(2)达氏合金粉(Devarda alloy)：含 50%铝、45%铜和 5%锌的混合物，磨成粉末，其中至少 75%通过 300 目筛，剩余的通过 100 目筛，储存于瓶中。

(3)氨基磺酸溶液：称取 2 g 氨基磺酸(NH_2SO_3H，分析纯)溶于 100 mL 去离子水中，将此溶液置于冰箱保存。

(4)20 g/L 硼酸溶液：称取 20.0 g 硼酸(H_3BO_3，化学纯)溶于近 1000 mL 水中。用稀盐酸或稀氢氧化钠调节至 pH 4.5，转移至 1000 mL 容量瓶中，定容。

(5)甲基红-溴甲酚绿混合指示剂：称取 0.500 g 溴甲酚绿和 0.100 g 甲基红于玛瑙研钵中，加入少量 95%乙醇，研磨至指示剂全部溶解后，加 95%乙醇至 100 mL。

(6)0.1 mol/L 硫酸溶液：吸取 3.0 mL 浓硫酸(H_2SO_4，$\rho \approx 1.84$ g/cm^3)溶于水，定容至 1000 mL。

(7)0.01 mol/L 硫酸溶液：将 0.1 mol/L 硫酸溶液稀释 10 倍，并用无水碳酸钠标定。

(8)奈斯勒(Nessler)试剂：称取 10.000 g 碘化钾溶于 5 mL 水中，另称取 3.500 g 二氯化汞溶于 20 mL 水中(加热溶解)，将二氯化汞溶液慢慢地倒入碘化钾溶液中，边加边搅拌，直至出现微红色的少量沉淀为止。然后加 70 mL 的 30%氢氧化钾溶液，并搅拌均匀，再滴加二氯化汞溶液至出现红色沉淀为止。搅匀，静置过夜，倾出清液贮于棕色瓶中，放置暗处保存。

三、操作步骤

(一)NH$_4^+$分离

在 100 mL 的三角瓶内加入 5 mL 硼酸溶液(试剂 4)，再加入 2 滴甲基红-溴甲酚绿指示剂(试剂 5)，将三角瓶置于冷凝器的承接管下，管口插入硼酸溶液中。吸取 10～20 mL 的土壤提取液注入蒸馏瓶中，加入 0.2 g MgO，立即开始蒸馏，以每分钟可接收到馏出液 6～8 mL 的速度蒸馏至馏出液达 30～40 mL 时终止，检查蒸馏是否完全。检查时可取下三角瓶，以少量的去离子水冲洗冷凝器的下端，然后在冷凝器的承接管下端取 1 滴馏出液于白色瓷板上，加 1 滴奈斯勒试剂(试剂 8)，如无黄色，表示蒸馏已完全，否则应继续蒸馏，直至蒸馏完全为止。之后以少量的去离子水冲洗冷凝器的下端。用微量滴定管用硫酸标准溶液进行滴定，测定 NH$_4^+$含量，终点颜色由绿色变至淡红色。滴定后的液体放置于 80～90℃的恒温干燥箱中，浓缩至 5 mL 左右，转移至梨形瓶中，继续烘干成粉末，待测 ^{15}N 丰度。

（二）（$NO_3^- + NO_2^-$）分离

步骤（一）分离 NH_4^+ 完毕后，再换一个盛有 5 mL 硼酸溶液，并加入 2 滴甲基红-溴甲酚绿指示剂的三角瓶，置于冷凝器的承接管下，管口插入硼酸溶液中。迅速向蒸馏瓶内加入 0.2 g 达氏合金粉末，再继续蒸馏，即可分离 NO_3^- 和 NO_2^-。其他操作同步骤（一）。

（三）NO_3^- 分离

参照步骤（一）放置好吸收馏出液的三角瓶后，吸取 10～20 mL 的土壤提取液注入蒸馏瓶中，先加入 1 mL 氨基磺酸溶液（试剂 3），并轻轻摇动蒸馏瓶数秒钟，除去 NO_2^-，再按照步骤（一）蒸馏分离出 NH_4^+，之后按照步骤（二）即可蒸馏分离出 NO_3^-。其他操作同步骤（一）。

（四）氧化镁-达氏合金蒸馏法

氧化镁-达氏合金蒸馏法的主要流程图如图 4-4 所示。

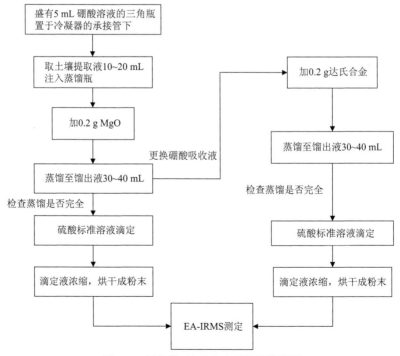

图 4-4　氧化镁-达氏合金蒸馏法流程图

四、质谱分析

梨形瓶中干燥后的样品，可与次溴酸盐发生氧化反应产生 N_2（湿氧化法的离线制样，详见第三章第二节）；或用元素分析-稳定同位素比质谱联用仪（EA-IRMS）测定氮同位素比值，但是由于进样量的限制，不推荐使用该方法。

五、注意事项

(1) 使用含有碳酸盐的 MgO，会在蒸汽蒸馏中产生 CO_2，干扰硼酸吸收液的滴定。因此，MgO 必须经高温灼烧，除去碳酸盐，并将其储存在密闭瓶中。

(2) 必须确保每种形态的氮都蒸馏、分离完全。如果蒸馏不完全，会产生明显的氮同位素分馏现象，影响测定结果；另外，如果 NH_4^+ 蒸馏不完全，会影响后续 NO_3^- 的测定结果。因此，需严格掌握蒸馏时间和馏出液的体积，并用奈斯勒试剂检查。

(3) 达氏合金粉末，越细活性越大，建议至少 75%通过 300 目筛，剩余的通过 100 目筛。

(4) 使用氨基磺酸溶液仅是为了破坏土壤提取液中的亚硝酸盐，但此溶液在常温下不稳定，配制的溶液应置于冰箱中保存，最好使用新鲜配制的溶液。

(5) 虽然氧化镁-达氏合金蒸馏法是测定土壤提取液中无机态氮的一种经典方法，但使用此方法分离土壤提取液中不同形态氮，并测定其氮同位素比值，存在诸多的缺点，如实验过程冗长、操作步骤繁多、蒸馏过程中样品间易产生交叉污染，不能直接测定 NO_2^- 的含量和 ^{15}N 丰度（只能用差减法，由于土壤中 NO_3^- 含量通常远高于 NO_2^-，所以误差较大）等。

第三节　微扩散法分离铵态氮和硝态氮

微扩散法是目前应用比较广泛的分离溶液中 NH_4^+ 和 NO_3^- 的技术。与蒸馏法相比，该方法操作更为简便。本节介绍微扩散法分离 NH_4^+ 和 NO_3^- 的操作方法。

一、方法原理

微扩散法是在一个较小体积的密闭容器内，通过添加氧化镁（MgO）、氢氧化钠（NaOH）等碱性试剂，调节样品溶液为弱碱性，使 NH_4^+ 转化为气态氨（NH_3），被含弱酸性吸收液（硼酸、稀硫酸、草酸、$KHSO_4$ 等）的滤纸吸收后，在无氨的密闭环境中干燥滤纸片，最后将其包裹在锡杯中，用元素分析-稳定同位素比质谱联用仪（EA-IRMS）测定氮同位素比值。经校正后，即为土壤中 NH_4^+ 的 ^{15}N 丰度。

　　与蒸馏法相似，向NH_4^+扩散完全的土壤浸提液中再加入达氏合金，将NO_3^-转化为NH_4^+，用含弱酸性吸收液的滤纸吸收后，即可测定土壤中NO_3^-的^{15}N丰度。

二、仪器、器皿和试剂

(一)仪器

　　(1)EA-IRMS。
　　(2)恒温振荡器。

(二)试剂和器皿

　　(1)氧化镁(MgO)：将氧化镁在高温电炉中于$600\sim700$℃灼烧约 4 h，放置于干燥器中冷却后，贮存于密闭的玻璃瓶中。
　　(2)达氏合金粉：含50%铝、45%铜和5%锌的混合物，磨成粉末，其中至少75%通过300目筛，剩余的通过100目筛，储存于瓶中。
　　(3)草酸溶液[$c(H_2C_2O_4)=1$ mol/L]：称取 9.004 g 草酸($H_2C_2O_4$，优级纯)置于烧杯中，加入约 60 mL 去离子水溶解，溶解后转移到 100 mL 容量瓶中定容。
　　(4)蓝盖瓶(250 mL 或 500 mL)。
　　(5)悬挂滤纸片的材料：回形针(有塑料包裹)和直径为 4.5 cm 的穿孔硅橡胶垫圈(起到固定回形针和密封瓶子的作用，具体大小以瓶盖直径为准)(图4-5)。
　　(6)Whatman 41 号无灰级滤纸：用打孔器剪成直径 6～7 mm 的滤纸片。
　　(7)玻璃珠。
　　(8)干燥器：配有变色硅胶和一定量浓硫酸或五氧化二磷(P_2O_5)粉末。
　　(9)8 mm×5 mm 锡杯，用于包裹样品的材料。
　　(10)96 孔板。
　　(11)普通定性滤纸：用剪刀裁剪成约 1 cm^2 的滤纸片。

 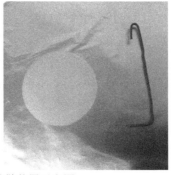

图 4-5　扩散装置示意图

250 mL 蓝盖瓶、回形针、硅橡胶片、两片无灰级滤纸片

三、操作步骤

(一)扩散装置的准备

微扩散法无须专门的设备装置，仅需一个密闭容器，容器体积由液体样品体积决定。微扩散的反应体系可长时间静置培养(需要时间很长，7 d 左右)，也可使用摇床震荡加快培养进程(通常 24 h 可完成)。如图 4-6 所示，将回形针做成钩状，穿过并固定在硅橡胶垫圈上，再将硅橡胶垫圈固定于蓝盖瓶瓶盖上。用镊子将直径为 6~7 mm 的滤纸片穿在回形针挂钩上，每个挂钩悬挂 2 片滤纸片。在蓝盖瓶内预先放入 3 颗玻璃珠。

硅胶垫片

回形针

加酸滤纸

蓝盖瓶

NH_3

NH_4^+　土壤浸提液

玻璃珠

图 4-6　扩散装置示意图

(二)铵态氮的分离和测定

对于 NH_4^+ 浓度为 2~8 mg N/L 的土壤提取液，取 20 mL 置于 250 mL 蓝盖瓶中；对于 NH_4^+ 浓度为 0.2~2 mg N/L 的样品，取 50 mL 溶液置于 500 mL 蓝盖瓶中。先用移液枪在每片无灰级滤纸片上均匀滴加 10 μL 草酸溶液(试剂 3)，再向溶液中加入 0.2~0.3 g MgO(试剂 1)，迅速旋紧瓶盖，将培养瓶置于恒温振荡器内，25℃、140 r/min 条件下振荡 24 h(0.5~8 mg N/L 的样品)或 48 h(0.2~0.5 mg N/L 的样品)。

摇培结束后，用镊子小心取出滤纸，按照顺序放入 96 孔板，然后进行干燥处理。干燥时，揭开 96 孔板的板盖，将其置于配有变色硅胶和一定量浓硫酸或五氧化二磷粉末(放在烧杯中)的干燥器中，干燥 24~48 h(图 4-7)。待滤纸完全干燥后，将滤纸紧紧包裹于锡杯中，使用 EA-IRMS 测定 ^{15}N 丰度，校正后即为样品中 NH_4^+ 的 ^{15}N 丰度。若干燥好的滤纸片不能立即包样、测定，可盖好板盖，放入自封袋密封、干燥保存。

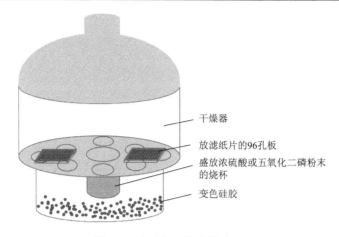

干燥器

放滤纸片的96孔板

盛放浓硫酸或五氧化二磷粉末
的烧杯

变色硅胶

图 4-7　滤纸片干燥过程示意图

(三)硝态氮的分离和测定

步骤(二)完成 NH_4^+ 分离后,用镊子小心取出滤纸,换入 1 片普通定性滤纸片,添加 40 μL 草酸溶液,继续振荡摇培 48 h,以尽可能完全去除溶液中残留的少量 NH_4^+ 。之后更换新的瓶盖、悬挂滤纸片的材料和加酸无灰级滤纸片,同时在溶液中加入 0.1~0.3 g 达氏合金,迅速旋紧瓶盖,25℃、140 r/min 条件下振荡 24 h(0.5~8 mg N /L 的样品)或 48 h(0.2~0.5 mg N/L 的样品)后,用镊子小心取出滤纸,之后的操作同步骤(二)。

如果分离 NO_3^- 需要的提取液体积与步骤(二)不同,则新取土壤提取液置于蓝盖瓶中,先按照步骤(二)扩散去除提取液中的 NH_4^+ ,然后按步骤(三)操作即可。

(四)微扩散法简要操作流程

图 4-8 为微扩散法的操作流程图。

四、结果计算

(一)铵态氮、硝态氮的氮同位素比值分析结果的表述

自然丰度样品的分析结果通常用 $\delta^{15}N$ 值表示,而富集样品通常用原子百分数(atom%)表示。

(二)测定结果的校准

前处理过程中,外源性或内源性的杂质氮可能会严重影响微扩散法测定结果的准确性,需要尽可能消除其干扰,并选择合适的方法对测定结果进行校正。

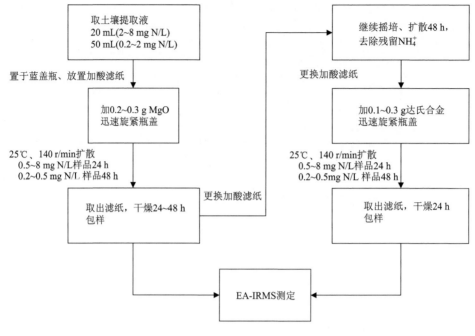

图 4-8　微扩散法流程图

外源性的杂质氮主要来自于扩散过程所用试剂(如 KCl、水、达氏合金、MgO 等)中含有的和扩散器具(如滤纸、瓶子等)上带有的微量氮，以及大气环境中的微量 NH_3；内源性的杂质氮主要是样品中的可溶性有机氮(DON)。消除杂质氮干扰的措施主要有以下几方面。

1. 空白校正

化学试剂可能含有难以彻底去除的杂质氮，影响测定结果的准确性。因此，每批次样品应设置 3 个空白对照，即取与样品等体积的 KCl 溶液作为空白溶液，置于蓝盖瓶中，与样品同时进行前处理。在相同质谱分析条件下，空白产生的 m/z 44 的峰值应低于 100 mV，否则会影响测定结果的校准。可使用空白的氮同位素丰度，对样品测定结果进行校正：

$$E_s = \frac{E_m M_{s+b} - M_b E_b}{M_{s+b} - M_b} \tag{4-1}$$

式中，E_s 为样品 ^{15}N 丰度校正值；E_m 为样品 ^{15}N 丰度测定值；M_{s+b} 是样品的 m/z 44 信号值(mV 或 nA)，是杂质氮量和样品实际氮量的总和；E_b 是空白中杂质氮的 ^{15}N 丰度；M_b 是空白中杂质氮量的 m/z 44 信号值(mV 或 nA)。

2. 两(多)点校正

由于空白中的杂质氮含量较低，在质谱仪上的信号很小，会影响空白对照 ^{15}N 丰度测定的准确性，进而影响测定结果的校正。使用两种或两种以上不同 ^{15}N 丰度的同位素标准样品，其丰度范围应覆盖或接近试验样品的丰度范围，与样品在相同的条件下进行前处理操作，在同一台稳定同位素比质谱仪上进行测定，可获得一条相关性很好的校正曲线，曲线的 x 轴是标准样品的测定值，y 轴是标准样品的标出值，得到 $\delta_{标} = a \times \delta_{测} + b$ 的直线方程，将样品的测定值代入方程即可获得所测样品的校正值(图 2-3)。这种方法可解决空白对照信号过低引起的测定误差，还能抵消前处理过程中产生的误差。对于相同的标准物质，直线方程的斜率变化能直接反映测定过程中的诸多不确定性。微扩散法的标准样品，需根据所测定的氮形态选择，NH_4^+ 可选择硫酸铵，NO_3^- 可选择硝酸钾，标准样品均需使用与土壤浸提液相同的 KCl 溶液配制，浓度与所测的氮形态接近。在每批次样品处理中，都应包含两个或三个已知 ^{15}N 丰度的标准样品，至少 3 个重复，与样品同批次进行扩散、干燥、包样等前处理工作。

(三)实验操作中减少杂质氮干扰的方法

(1)使用优级纯的试剂和不含氮的蒸馏水(如超纯水)，试剂应选用同一厂家同一批次的产品。

(2)KCl 和 MgO 等试剂可采用高温灼烧(450~600℃)的方式减少杂质氮，但达氏合金若高温加热反而会降低其还原能力，不建议进行该操作。

(3)实验操作上可使用一次性的容器，如果不能使用一次性容器，则需进行彻底清洗，以防止器皿上残留氮对样品的污染。通常玻璃类的器皿，建议使用 0.2 mol/L H_2SO_4 浸泡过夜后，用自来水反复冲洗、蒸馏水润洗后烘干；塑料类和不锈钢类器皿建议使用 0.05 mol/L 新配制的 KOH 溶液浸泡过夜后，水洗烘干；扩散体系中的玻璃珠也需酸洗；取用滤纸的镊子，每次夹取前需浸入无水乙醇并晾干后方可使用。

(4)微扩散的操作应在无水乙醇擦拭过的干净铝箔纸上进行，并佩戴洁净的一次性手套。

(5)大气环境中也会含有极微量的 NH_3，可能干扰样品的测定。因此，整个微扩散操作过程应尽量在无 NH_3 的环境下进行。在滤纸上滴加酸性溶液后，应减少其暴露在大气中的时间，尽快转入扩散体系中。完成扩散的滤纸片，应在无 NH_3 的环境下干燥(放有浓硫酸或五氧化二磷的干燥器)后再包样。

(四)微扩散法的灵敏度

微扩散法灵敏度较高,最低检测限约为 10 μg N,适用的溶液 NH_4^+ 或 NO_3^- 浓度范围在 0.2～8 mg N/L。氮量≥15 μg N 时(即溶液氮浓度≥0.3 mg N/L),该方法的准确性很高;氮量在 10～15 μg N 时,分析误差增大,建议使用化学转化法或反硝化细菌法(本章第四节和第五节)。

六、注意事项

(1)微扩散的温度条件应适宜。升高温度可加快扩散进程,但温度过高,样品内的可溶性有机氮易降解产生 NH_3;另外,高温产生的大量冷凝水可能会竞争并降低滤纸吸收 NH_3 的能力。建议在不超过 30℃的条件下扩散培养。

(2)MgO 和达氏合金的用量不宜过多。过量使用可能会带入较多的杂质氮。选择适宜的 MgO 和达氏合金用量,可有效减少杂质氮的干扰,保证测定结果的准确性。0.1～0.3 g MgO 的试验结果发现,0.1 g 的 MgO 即可使样品溶液 pH > 11,扩散样品的测定结果(m/z 28 值和 ^{15}N 丰度)均与更高使用量无明显差异,但是变异略大,所以推荐其使用量为 0.2～0.3 g(表 4-2)。0.1～0.3 g 达氏合金的试验结果发现,达氏合金用量与氮回收量成正比,虽然 0.1 g 达氏合金还原的 NO_3^- 量(m/z 28 值)显著低于 0.3 g,但是 ^{15}N 丰度的测定结果无明显差异(表 4-3),所以推荐其使用量为 0.1～0.3 g。对大部分土壤样品,应根据样品中的无机氮浓度酌量添加 0.2～0.3 g MgO 和 0.1～0.3 g 达氏合金。

表 4-2　　MgO 用量对 NH_4^+ 的 ^{15}N 丰度测定结果的影响

MgO 用量/g	样品		对照
	m/z 28/mV	NH_4^+ ^{15}N 丰度/atom%	m/z 28/mV
0.1	5386	4.9125±0.0399	54
0.2	5343	4.9246±0.0185	46
0.3	5231	4.9446±0.0137	48

注:试验样品为 8 mg N/L 20 mL 的 $^{15}NH_4NO_3$ 溶液,其中 NH_4^+ 的 ^{15}N 丰度为 5 atom%。NO_3^- 的 ^{15}N 丰度为 0.3663 atom%,m/z 28 信号值指示滤纸上的氮量。对照为不含 $^{15}NH_4NO_3$ 的高纯水,其 m/z 28 值指示扩散培养体系中的杂质氮量。

(3)溶液中 NH_4^+ 的去除效率是影响 NO_3^- 同位素丰度测定结果准确性的关键因素,尤其是在两者丰度差异较大的条件下。因此,在微扩散法处理过程中要严格按照规范操作,可适当延长扩散去除 NH_4^+ 的时间;也可以改用化学转化法或反硝化细菌法直接测定 NO_3^- 的 ^{15}N 丰度(方法见本章第四节和第五节)。

表 4-3　达氏合金用量对 NO_3^- 的 ^{15}N 丰度测定结果的影响

达氏合金用量/g	样品		对照
	m/z 28/mV	NO_3^- ^{15}N 丰度/atom%	m/z 28/mV
0.1	1797	0.3742±0.0023	99
0.2	2765	0.3857±0.0112	114
0.3	4035	0.3724±0.0064	122

注：试验样品为 8 mg N/L 20 mL 的 $^{15}NH_4NO_3$ 溶液，其中 NH_4^+ 的 ^{15}N 丰度为 5 atom%。NO_3^- 的 ^{15}N 丰度为 0.3663 atom%，m/z 28 信号值指示滤纸上的氮量。对照为不含 $^{15}NH_4NO_3$ 的高纯水，其 m/z 28 值指示扩散培养体系中的杂质氮量。

（4）微扩散法适用的溶液 NH_4^+ 或 NO_3^- 浓度在 0.2～8 mg N/L 之间。对于浓度为 0.2～2 mg N/L 的样品，需要用 50 mL 土壤浸提液进行扩散；对于浓度为 2～8 mg N/L 的样品，则用 20 mL 土壤浸提液进行扩散；对于浓度高于 8 mg N/L 的样品，需要稀释至 2～8 mg N/L。需要指出的是，浓度在 0.2～0.3 mg N/L 的样品，测定误差较大，建议这类样品及浓度低于 0.2 mg N/L 的样品，使用化学转化法和反硝化细菌法（方法见本章第四节和第五节）处理。

（5）杂质氮可能会对测定结果产生影响。处理过程中需要使用优级纯的试剂；KCl 和 MgO 等试剂建议采用高温灼烧（450～600℃）的方式减少杂质氮，但达氏合金若高温加热反而会降低其还原能力，不建议进行该操作。

（6）干燥器中的变色硅胶超过 1/2 呈粉色或五氧化二磷呈黏稠状或浓硫酸被明显稀释时，应立即更换试剂，以确保滤纸片的干燥效果，否则会影响仪器性能和测定结果的准确性。

（7）微扩散法适合处理富集 ^{15}N 的样品。

七、测定结果举例

表 4-4 为采用微扩散法前处理样品，使用 EA-IRMS 测定其 ^{15}N 丰度的结果。其中，IAEA311 为国际原子能机构（IAEA）生产的氮同位素标准物质，参考值为 $(2.050±0.020)$ ^{15}N atom%；其他 4 种为实验室自行制备的工作标准物质。所有测定结果均在标准样品的参考值范围内，可见该方法的准确性非常高。

表 4-4　使用微扩散法前处理样品测定其 ^{15}N 丰度的结果　（单位：^{15}N atom%）

重复	$(^{15}NH_4)_2SO_4$-1	$(^{15}NH_4)_2SO_4$-2	IAEA311	$(^{15}NH_4)_2SO_4$-3	KNO_3
1	0.554	1.099	2.054	5.072	5.111
2	0.555	1.098	2.055	5.071	5.119
3	0.555	1.097	2.054	5.076	5.122
4	0.556	1.098	2.054	5.078	5.115
平均值±标准差	0.555±0.001	1.098±0.001	2.054±0.005	5.074±0.003	5.117±0.005
参考值	0.556±0.003	1.098±0.003	2.050±0.020	5.075±0.010	5.120±0.020

注：IAEA311 为硫酸铵标准样品；其他样品为实验室工作标准物质。测定结果用多点校正方法校准。

第四节　化学转化法分离无机氮

不同土壤样品中无机氮的含量差异很大，从几到几十甚至几百毫克氮每千克土。本章第三节介绍的微扩散法适用于处理提取液氮含量不低于 0.2 mg N/L 的样品，而且低浓度(0.2~0.5 mg N/L)样品需要延长扩散处理时间，同时随着浓度降低测定的准确性会降低，所以需要使用其他的方法处理低浓度样品。化学转化法能够实现对低浓度、低丰度(甚至自然丰度)土壤浸提液中不同形态无机氮的分离和氮同位素比值的准确测定，弥补微扩散法的不足。另外，在同一个土壤浸提液样品中，如果 NH_4^+ 和 NO_3^- 的 ^{15}N 丰度差异较大，尤其是 NH_4^+ 的 ^{15}N 丰度远高于 NO_3^- 的情况下，也应使用化学转化法分离、测定 NO_3^- 的 ^{15}N 丰度。本节介绍化学转化法分离 NH_4^+、NO_3^- 和 NO_2^- 技术。

一、化学转化法分离富集 ^{15}N 的无机氮与质谱分析

(一)方法基本原理

化学转化法是将土壤中的无机氮制备、转化为 N_2O，再经微量气体预浓缩装置-稳定同位素比质谱联用仪(PreCon-IRMS)测定 N_2O 的氮、氧同位素比值的方法。这一方法既保留了土壤无机氮的氮同位素比值，又能够提供 NO_3^- 和 NO_2^- 的氧同位素比值，还避免了大气中 N_2 的干扰，测定灵敏度大大提高。本小节讲述的化学转化方法，只能把样品中一小部分无机氮转化为 N_2O，可能存在同位素分馏效应，所以只适用于富集 ^{15}N 的土壤无机氮样品(曹亚澄等，2013)。

(二)操作步骤

1. 铵态氮

1)制备原理

土壤浸提液中的 NH_4^+ 经蒸汽蒸馏或微扩散法分离后，在真空条件下，被加入的高浓度碱性次溴酸盐(NaBrO-NaOH)逐步氧化为 N_2 和 N_2O，其中，N_2 是主要反应产物，N_2O 是副产物。其反应式如下：

$$2NH_4^+ + 3BrO^- + 2OH^- \longrightarrow 3Br^- + 5H_2O + N_2$$

$$2NH_4^+ + 4BrO^- + 2OH^- \longrightarrow 4Br^- + 5H_2O + N_2O$$

在一定 pH 和 Cu^{2+} 催化下，可促进 N_2O 的产生。通常使用含 0.5 mol/L Cu^{2+} 的稀硫酸吸收蒸汽蒸馏土壤浸提液产生的 NH_3，或提高碱性次溴酸钠中 NaOH 浓度至 10 mol/L，可提高该反应中 N_2O 的产率。

2) 仪器、器皿和试剂

（1）仪器。

①微量气体预浓缩装置-稳定同位素比质谱联用仪（PreCon-IRMS）。

②恒温振荡器。

③抽真空装置：用于去除反应瓶内的大气。

④蒸汽蒸馏装置或半自动凯氏定氮仪，用于蒸馏分离土壤浸提液中的 NH_4^+（可选）。

⑤微扩散装置：用于微扩散法分离土壤浸提液的 NH_4^+，参考本章第三节。

⑥烘箱。

⑦干燥器。

（2）试剂和器皿。

①硫酸溶液 $[c(1/2H_2SO_4)=0.1\ mol/L]$：吸取 3.0 mL 浓硫酸（$H_2SO_4$，优级纯，$\rho\approx1.84\ g/cm^3$）溶于水，定容至 1000 mL。

②含 0.5 mol/L 五水硫酸铜的硫酸吸收液 $[c(1/2H_2SO_4)=0.01\ mol/L]$：称取 124.75 g 五水硫酸铜（$CuSO_4\cdot5H_2O$，优级纯）溶于 800 mL 水中，再加入 100.00 mL 0.1 mol/L 硫酸溶液，定容至 1000 mL。本溶液作为吸收液，无须标定。

③碱性次溴酸钠溶液 $[c(NaBrO)=3\ mol/L]$：将 400 g 氢氧化钠（NaOH，优级纯）溶解于 800 mL 水中，定容至 1000 mL，溶液置于冰中冷却，放置于聚乙烯瓶中保存过夜。移出一半 NaOH 溶液至 1000 mL 的烧杯中，先将其埋在碎冰内，再向 NaOH 溶液中缓缓加入 60 mL 溴单质（Br_2），控制溴加入的速度，并剧烈地搅拌，使溶液温度保持在 5℃以下。然后再加入另一半的 NaOH 溶液，混合均匀后装入棕色试剂瓶中，密封，置于 4℃冰箱中保存。

④氧化镁（MgO）：将氧化镁置于高温电炉中，在 600～700℃温度下灼烧 2 h，再放置于干燥器中冷却，贮于试剂瓶中。

⑤微扩散所需试剂：参照本章第三节。

⑥氦气（He）：纯度不应小于 99.999%。

⑦反应瓶：带铝盖和丁基橡胶塞的 20 mL 或 50 mL 玻璃反应瓶，压盖密封后可抽真空。

3) 操作步骤

（1）蒸汽蒸馏法/微扩散法分离土壤浸提液中的 NH_4^+。蒸汽蒸馏法分离 NH_4^+，具体操作见本章第二节。不同的是：①要求蒸馏的土壤提取液中 NH_4^+-N 的总量不低于 20 μg N；②吸收液用 5 mL 硫酸溶液（试剂 2）而不是硼酸溶液；③浓缩馏出液至 2～3 mL 后，转移部分浓缩液（依据总氮量确定转移比例，转移氮量不低于 20 μg N）至 50 mL 反应瓶中，于 90℃下继续浓缩至干，并加盖密封、待测。

微扩散法分离 NH_4^+，具体分离操作见本章第三节。

(2)样品制备和测定。以微扩散法分离 NH_4^+ 为例。干燥后的滤纸片放入 50 mL 反应瓶中，加入 2～3 mL 蒸馏水溶解，振荡 2 h 后获得含 NH_4^+ 的样品溶液（含氮量大于 20 μg NH_4^+-N）。压紧真空反应瓶盖，抽真空，注入 40～45 mL 的高纯 He，加入 1 mL 碱性次溴酸钠溶液（试剂 3），置于恒温振荡器内，25℃、140 r/min 振荡 0.5 h，反应瓶内产生的 N_2O 用于 ^{15}N 丰度测定。反应结束后，需要尽快把反应瓶中的气体样品转移至顶空瓶或直接测定。取样时，使用气密性进样针上下抽提三次，混匀瓶内顶空气体后，抽取一定体积的气体样品置于已预抽真空的顶空瓶内，马上注入高纯 N_2 平衡气压，或直接注入进样杆，用 PreCon-IRMS 测定气体样品中 N_2O 的 ^{15}N 丰度，测定结果校正后即为样品中 NH_4^+ 的 ^{15}N 丰度。

4)简要操作流程

图 4-9 为化学转化法分离浸提液中 NH_4^+ 和质谱分析的流程示意图。

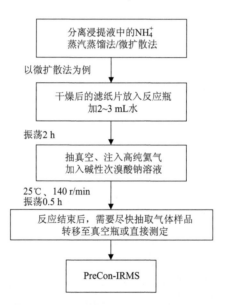

图 4-9　化学转化法分离浸提液中 NH_4^+ 和质谱分析的流程示意图

2. 硝态氮

1)制备原理

在 pH=4.7 条件下，土壤浸提液中的 NO_3^- 被镀铜镉粒还原成 NO_2^- 和羟胺（NH_2OH），随后 NO_2^- 与 NH_2OH 反应生成 N_2O，其总反应式如下：

$$2NO_3^- + 4Cd + 10H^+ \longrightarrow N_2O + 5H_2O + 4Cd^{2+}$$

　　土壤浸提液中的 NH_4^+ 不会影响 NO_3^- 的转化。反应中 N_2O 的产率与 NO_3^- 的含量有关。由于 NO_3^- 先转化为 NO_2^- 后再生成 N_2O，所以在分离制备前需先使用氨基磺酸去除土壤浸提液样品中的 NO_2^-，避免干扰测定。

　　2）仪器、器皿和试剂

　　（1）仪器。

　　①微量气体预浓缩装置-稳定同位素比质谱联用仪（PreCon-IRMS）。

　　②恒温振荡器。

　　③抽真空装置：用于去除反应瓶内的大气。

　　（2）试剂和器具。

　　①氨基磺酸溶液[$c(NH_2SO_3H) \approx 0.2$ mol/L]：取 2 g 氨基磺酸（NH_2SO_3H，优级纯）溶解于 100 mL 水中，置于冰箱（4℃）中保存。

　　②乙酸-乙酸钠缓冲液 [$c(CH_3COOH\text{-}CH_3COONa) \approx 1$ mol/L]：在 500 mL 水中加入 29 mL 乙酸（CH_3COOH，优级纯）和 41 g 乙酸钠（CH_3COONa，优级纯），溶液的 pH 为 4.7。

　　③镀铜镉粒：使用还原效率较高的市售镀铜镉粒。

　　④三角瓶：250 mL 玻璃三角瓶。

　　⑤氦气（He）：纯度不应小于 99.999%。

　　⑥反应瓶：带铝盖和丁基橡胶塞的 20 mL 或 50 mL 玻璃反应瓶，压盖密封后可抽真空。

　　3）操作步骤

　　将 20～25 mL 土壤浸提液置于三角瓶中，加入 2.5 mL 的氨基磺酸溶液（试剂 1），振荡 5 min，去除土壤浸提液中的 NO_2^-。在 50 mL 反应瓶中，加入约 50 mg 镀铜镉粒和 5 mL 乙酸-乙酸钠缓冲液（试剂 2）后，压紧瓶盖抽真空，注入 40～45 mL 的高纯 He。再向反应瓶中注入 15～20 mL（含 5～10 μg NO_3^--N）已去除 NO_2^- 的土壤提取液。将反应瓶置于温控摇床，以（120±10）r/min 振荡 2～12 h。一般 2 h 后 N_2O 产率即达最大值，由于市售镀铜镉粒的还原效率差异大，建议振荡 12～24 h。反应结束后，需要尽快把反应瓶中的气体样品转移至顶空瓶或直接测定。用气密针将反应产生的 N_2O 气体转移至预先抽真空的样品瓶内，马上注入高纯 N_2 平衡气压，或直接注入进样杆，使用 PreCon-IRMS 测定气体中 N_2O 的 ^{15}N 丰度，测定结果校正后即为样品中 NO_3^- 的 ^{15}N 丰度。

　　4）简要操作流程

　　图 4-10 为化学转化法分离浸提液中 NO_3^- 和质谱分析的流程示意图。

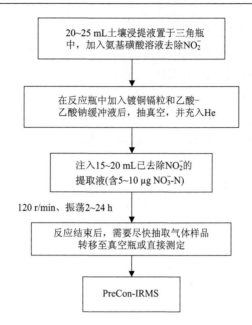

图 4-10　化学转化法分离浸提液中 NO_3^- 和质谱分析的流程示意图

3. 亚硝态氮

1) 制备原理

在 pH≈1.7 的条件下 NO_2^- 与羟胺（NH_2OH）反应，先生成不对称的中间产物 *N*-亚硝基羟胺，而后生成 N_2O，其反应式如下：

$$HNO_2 + NH_2OH \longrightarrow N_2O + 2H_2O$$

土壤浸提液中的 NH_4^+ 和 NO_3^- 不会影响 NO_2^- 的转化与测定，无须去除。N_2O 的产率与 pH 有关，当 pH=1.7 时 N_2O 产率最高，但所需反应时间较长（16 h）。提高 NH_2OH 的浓度至 10 μmol/L 以上，可提高反应速率。反应生成的 N_2O 的两个氮原子分别来自 NO_2^- 和 NH_2OH。

2) 仪器、器皿和试剂

（1）仪器。

①微量气体预浓缩装置-稳定同位素比质谱联用仪（PreCon-IRMS）。

②恒温振荡器。

③抽真空装置：用于去除反应瓶内的大气。

（2）试剂和器皿。

①盐酸溶液 [c(HCl)=1 mol/L]：吸取 20 mL 浓盐酸（HCl，优级纯）溶于 220 mL 水中。

②盐酸羟胺溶液[$c(NH_2OH \cdot HCl)$=0.04 mol/L]：称取 0.556 g 盐酸羟胺 （$NH_2OH \cdot HCl$，优级纯)溶于 200 mL 水中，该溶液需现配现用。

③氦气(He)：纯度不应小于 99.999%。

④反应瓶：带铝盖和丁基橡胶塞的 20 mL 或 50 mL 玻璃反应瓶，压盖密封后可抽真空。

3)操作步骤

吸取 10～25 mL(含 0.5～1 μg NO_2^- -N)的土壤浸提液置于 50 mL 真空反应瓶中，压紧瓶盖抽真空，注入 40～45 mL 的高纯氦气，再向反应瓶中注入 1 mL 盐酸溶液(试剂 1)和 0.5 mL 盐酸羟胺溶液(试剂 2)。将反应瓶置于温控摇床中，37℃、(120±10) r/min 振荡 16 h。反应结束后，需要尽快把反应瓶中的气体样品转移至顶空瓶或直接测定。用气密针将反应产生的 N_2O 气体转移至抽真空的样品瓶内，马上注入高纯 N_2 平衡气压，或直接注入进样杆，使用 PreCon-IRMS 测定气体中 N_2O 的 ^{15}N 丰度，测定结果校正、计算后为样品中 NO_2^- 的 ^{15}N 丰度。

4)简要操作流程

图 4-11 为化学转化法分离浸提液中 NO_2^- 和质谱分析的流程示意图。

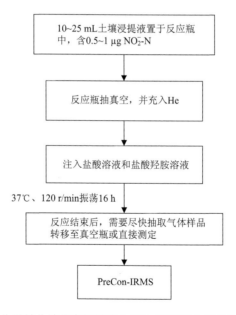

图 4-11 化学转化法分离浸提液中 NO_2^- 和质谱分析的流程示意图

（三）结果计算

1. 氮同位素比值分析结果的表述

富集 ^{15}N 样品的分析结果通常用原子百分数（atom%）表示。对于 NH_4^+ 和 NO_3^-，气体样品的氮同位素测定结果校准后即为最终结果。对于 NO_2^-，化学转化产生的 N_2O 分子中的两个氮原子分别来自 NO_2^- 和 NH_2OH，需经公式换算才能得到 NO_2^- 的 ^{15}N 丰度。NH_2OH 中的氮为自然丰度，即 0.3663 atom%，换算公式如下：

$$^{15}N\,atom\%\left[NO_2^-\right] = 2 \times {}^{15}N\,atom\%[N_2O] - 0.3663\,atom\% \tag{4-2}$$

2. 测定结果的校准

1）空白试验

化学试剂可能含有杂质氮，灰分灼烧法难以彻底去除。因此，每批次测试样品应设置 3 个空白试验样品，即用等体积 KCl 溶液，与样品同时进行培养、转化、制气等前处理。在相同质谱分析条件下，空白产生的 m/z 44 峰值应低于 100 mV，否则会影响测定结果的校准。

2）两（多）点校正

要准确计算土壤浸提液样品的 ^{15}N 丰度，需通过两个或两个以上不同 ^{15}N 丰度的同位素标准样品对测定结果进行校正，同时还可以检验 ^{15}N 丰度测定的准确性。具体校正方法同本章第三节，前处理方法用化学转化法。

（四）注意事项

1. 杂质氮干扰的消除

制备过程中使用的试剂、水、器皿都可能含有一定量的杂质氮，为减少杂质氮引起的 ^{15}N 丰度稀释效应，应尽量使用优级纯试剂。KCl 需要高温灼烧（450～600℃）48 h，以减少杂质氮。在器材上，尽量使用一次性的容器，如果需要重复使用，则需彻底清洗，以防止器皿上残留氮对样品的污染。通常玻璃类的器皿，建议使用 0.2 mol/L 稀硫酸浸泡过夜，用自来水反复冲洗、蒸馏水润洗后烘干，在实验前在 450℃下高温灼烧 12 h；塑料类和不锈钢类器皿建议使用 0.05 mol/L 新配制的 KOH 溶液浸泡过夜后，水洗烘干。实验操作过程中应佩戴洁净的一次性手套。

2. 镀铜镉粒加入量和加液顺序

镀铜镉粒加入量不能少于 50 mg（5～8 粒），否则会影响 N_2O 的产出量，但也不能过多(避免带入过多的杂质)(表 4-5)。处理过程中,加液顺序也会影响 N_2O 产出量。先加入镀铜镉粒和乙酸-乙酸钠缓冲液,再抽真空,最后加入含 NO_3^- 的样品溶液,能有效提高 N_2O 产出量(表 4-6)。

表 4-5 一定的 NO_3^- 浓度条件下镀铜镉粒加入量对 N_2O 产出量的影响

Cd-Cu 加入量/mg	N_2O 浓度/(μL/L)
25	104.9
50	113.7
100	127.4
200	139.3

表 4-6 一定的 NO_3^- 浓度条件下两种加液顺序对 N_2O 产出量的影响

NO_3^-/(N μg)	N_2O 浓度	
	顺序(1)/(μL/L)	顺序(2)/(μL/L)
10	10.5	23.1
20	39.1	75.7
50	113.7	249.3
100	244.4	481.4

注:顺序(1)为先加入含 NO_3^- 的样品溶液,再加入镀铜镉粒,抽真空,最后加入乙酸-乙酸钠缓冲液;顺序(2)为先加入镀铜镉粒和乙酸-乙酸钠缓冲液,再抽真空,最后加入含 NO_3^- 的样品溶液。

3. 空气中 N_2O 的干扰

化学转化法分离、转化无机氮的终产物是 N_2O,虽然空气中 N_2O 浓度较低,但是如果操作不当也会对测定结果产生影响,为减少空气中 N_2O 对样品气体的干扰,需要注意以下几点:

(1)反应瓶和测样瓶需预先抽真空,真空度达 98%以上。

(2)为防止瓶内气压低于大气压,造成外部空气进入瓶内,在加液体样品和转移生成的气体前,需要在反应瓶和测样瓶内注入适量高纯 He,保证瓶内正压。

(3)从反应瓶中转移气体至测样瓶时,应注意气密性,转移前需要用高纯 He 冲洗气密性进样针,注射前需轻轻推动活塞,避免针头内混合空气的污染。

(五)化学转化法的灵敏度与精确度

与微扩散法相比,化学转化法具有以下几方面的优点:

(1)有效避免了溶液中不同形态氮之间的交叉污染(表 4-7)。土壤中的 NH_4^+ 和有机氮均不影响 NO_3^- 的还原反应,仅需在化学反应开始前,使用氨基磺酸去除溶

液中微量的 NO_2^-。

表 4-7　其他来源氮对 NO_3^- 样品 N_2O 产出量和 ^{15}N 丰度测定结果的影响($n=3$)

添加的物质 /500 μmol N	N_2O 浓度 /(μL/L)	$^{15}N\text{-}NO_3^-$ /^{15}N atom%
不加入任何物质	450±28	5.27±0.015
$(NH_4)_2SO_4$	437±17	5.28±0.014
NH_2OH	441±46	5.12±0.015
$(NH_2)_2CO$	434±15	5.28±0.006

(2) 化学转化反应的产物是 N_2O 气体，由于空气中 N_2O 的含量很低，大大消除了空气中自然丰度 N_2O 对样品 N_2O 的污染和稀释，提高了测定结果的准确性。另外，产生的 N_2O 气体，不仅保留了氮同位素的特征，还有氧同位素的信息。

(3) 化学转化法实现了对 NO_2^- 的氮同位素比值的准确测定。

(4) 化学转化法处理 NO_3^- 和 NO_2^- 的灵敏度高于微扩散法，NO_3^- 的最低检测限约为 5 μg N(表 4-8)，土壤提取液的 NO_3^- 浓度下限约为 0.2 mg N/L；NO_2^- 的最低检测限可低至 0.5 μg N(表 4-9)，土壤提取液的 NO_2^- 浓度下限约为 0.02 mg N/L。而 NH_4^+ 的最低检测限约为 20 μg N，土壤提取液的 NH_4^+ 浓度下限约为 0.4 mg N/L，高于微扩散法。

表 4-8　化学转化法测定富集 ^{15}N 的 NO_3^- 同位素比值的精密度和准确度

N 量 /μg	参比值 /^{15}N atom%	平均值±标准差 /^{15}N atom%	Δ% /%
25	0.366	0.373±0.001	1.91
1		0.478±0.007	4.40
5		0.503±0.004	0.60
10	0.50	0.501±0.001	0.40
25		0.505±0.001	1.00
50		0.507±0.001	1.40
1		0.804±0.059	46.40
5		1.41±0.00	6.00
10	1.50	1.46±0.01	2.67
25		1.48±0.01	1.33
50		1.49±0.01	0.67

续表

N量	参比值	平均值±标准差	Δ%
/μg	/^{15}N atom%	/^{15}N atom%	/%
1		2.65±0.35	49.43
5		4.93±0.04	5.92
10	5.24	5.02±0.01	4.19
25		5.12±0.03	2.29
50		5.17±0.02	0.13

注：所用标准物质为实验室工作标准物质。测定结果用多点校正方法校准。Δ%=（测定平均值−参比值）/参比值×100。

表4-9 化学转化法测定富集 ^{15}N 的 NO_2^- 同位素比值的精密度和准确度

N量	参比值	平均值±标准差	Δ%
/μg	/^{15}N atom%	/^{15}N atom%	/%
0.2	0.365	0.366±0.003	0.27
0.1		0.468±0.002	6.40
0.2	0.50	0.479±0.005	4.20
0.5		0.493±0.005	1.40
1.0		0.495±0.001	1.00
0.1		1.32±0.059	12.00
0.2	1.50	1.37±0.001	8.67
0.5		1.46±0.001	2.67
1.0		1.50±0.001	0.07
0.1		4.25±0.005	17.00
0.2	5.12	4.63±0.004	9.57
0.5		4.93±0.001	3.71
1.0		5.05±0.003	1.37

注：所用标准物质为实验室工作标准物质。测定结果用多点校正方法校准。Δ%=（测定平均值−参比值）/参比值×100。

（六）测定结果举例

表 4-10 和表 4-11 分别为使用本节介绍的化学转化法测定实验室工作标准样品和 ^{15}N 富集土壤样品中 NH_4^+、NO_3^- 和 NO_2^- 的 ^{15}N 丰度结果。标准样品的测定结果均接近其参考值，土壤培养样品无机氮的测定结果重复性好，可见该方法的准确性非常高。

表 4-10　化学转化法测定不同形态无机氮标准样品 ^{15}N 丰度

氮形态	N 量 /μg	参考值 /^{15}N atom%	测定平均值±标准差 /^{15}N atom%
NH$_4^+$	20	0.60	0.595±0.003
		1.40	1.34±0.01
		5.60	5.57±0.01
	50	0.60	0.597±0.001
		1.40	1.36±0.01
		5.60	5.58±0.01
NO$_3^-$	5	0.50	0.503±0.004
		1.50	1.46±0.01
		5.24	5.02±0.01
	10	0.50	0.501±0.001
		1.50	1.48±0.01
		5.24	5.12±0.03
NO$_2^-$	0.5	0.50	0.493±0.003
		1.50	1.46±0.01
		5.12	4.93±0.02
	1.0	0.50	0.493±0.002
		1.50	1.50±0.01
		5.12	5.05±0.01

注：所用标准物质为实验室工作标准物质。测定结果用多点校正方法校准。

表 4-11　化学转化法测定 ^{15}N 富集土壤样品中不同形态无机氮的 ^{15}N 丰度

(单位：^{15}N atom%)

土壤类型	重复	NH$_4^+$	NO$_3^-$	NO$_2^-$
S-1 (黑土)	1	5.142	4.624	4.951
	2	5.140	4.629	4.943
	3	5.147	4.621	4.911
S-2 (红壤)	1	1.118	2.087	4.971
	2	1.117	2.086	4.980
	3	1.115	2.081	5.007
S-3 (水稻土)	1	5.239	4.402	5.023
	2	5.245	4.393	5.021
	3	5.242	4.406	5.019

注：分别在土壤中添加了 20 mg NH$_4^+$-N(丰度为 6.52 ^{15}N atom%)、20 mg NO$_3^-$-N(丰度为 5.02 ^{15}N atom%)、2 mg NO$_2^-$-N(丰度为 5.12 ^{15}N atom%)。加氮后，立即用 KCl 溶液提取(提取方法见本章第一节)，用化学转化法测定土壤提取液中不同形态无机氮的 ^{15}N 丰度。测定结果用多点校正方法校准。

二、化学转化法分离自然丰度铵态氮和硝态氮与质谱分析

本节第一部分介绍的化学转化法能够实现准确分离、测定 ^{15}N 富集的土壤样品中 NH_4^+、NO_3^- 和 NO_2^- 的 ^{15}N 丰度，检测限可低至 $0.5\sim20$ μg N 级别，但是对于自然丰度的土壤浸提液样品，上述方法的测定误差较大。误差一部分来自于试剂所含的杂质氮，也与转化过程的同位素分馏效应有关。为了实现对自然丰度无机氮样品的分离和氮同位素比值的准确测定，需要对上述化学方法进行优化。本部分介绍针对自然丰度无机氮的化学转化、测定方法。

(一)方法基本原理

该方法也是将溶液中不同形态的无机氮经化学反应转化为 N_2O 气体，再经 PreCon-IRMS 测定 N_2O 的氮、氧同位素比值。不同的是，该方法化学反应中 N_2O 是反应的主要产物，大大降低了同位素分馏效应，所以能够准确测定自然丰度样品。

(二)操作步骤

1. 铵态氮

1)制备原理

土壤浸提液中的 NH_4^+ 经微扩散法分离后，先在真空条件下被加入的低浓度碱性次溴酸盐氧化为 NO_2^-，再在强酸性条件下与加入的羟胺反应生成 N_2O(Liu et al., 2014)。本方法使用的次溴酸盐溶液浓度较低(50 μmol/L)，与本节第一部分使用的高浓度碱性次溴酸盐(3 mol/L)不同，N_2O 是反应的主要产物，其反应式如下：

$$NH_4^+ + BrO^- + 2OH^- \longrightarrow NO_2^- + Br^- + 3H_2O$$

$$NH_2OH + HNO_2 \longrightarrow N_2O + 2H_2O$$

2)仪器、器皿和试剂

(1)仪器。

①微量气体预浓缩装置-稳定同位素比质谱联用仪(PreCon-IRMS)。

②涡旋仪。

③抽真空装置：用于去除反应瓶内的大气。

④微扩散装置：参考本章第三节。

⑤烘箱。

⑥干燥器。

⑦恒温振荡器。

(2) 试剂和器皿。

①溴化钠-溴酸钠贮备液：称取 0.600 g 溴酸钠($NaBrO_3$，优级纯)和 5.000 g 溴化钠($NaBr$，优级纯)置于 500 mL 烧杯中，加入一定量(< 200 mL)水充分溶解，转移并定容至 250 mL，储存在棕色试剂瓶内，避光保存，可保存半年。

②盐酸溶液[$c(HCl)$=1 mol/L]：取 20.0 mL 浓 HCl 溶液(优级纯)溶于 220 mL 水中。

③氢氧化钠溶液[$c(NaOH)$=10 mol/L]：称取 400.00 g 氢氧化钠($NaOH$，优级纯)，缓慢溶解于 800 mL 水中(搅拌)，冷却后定容至 1000 mL，用聚乙烯瓶保存，稳定过夜。

④碱性次溴酸钠溶液[$c(NaBrO)$=50 μmol/L]：量取 1 mL 溴化钠-溴酸钠贮备液(试剂 1)置于 50 mL 水中，再加入 3 mL 1 mol/L HCl(试剂 2)，避光混匀后静置 5 min，迅速加入 50 mL 10 mol/L NaOH(试剂 3)，需充分搅拌避免局部过热，即可生成次溴酸(BrO^-)。注意配制该溶液时需在通风橱内操作，配制过程尽量避光，反应在冰水浴中完成。

⑤亚砷酸钠溶液[$c(NaAsO_2)$=0.4 mol/L]：准确称取 5.19 g 亚砷酸钠($NaAsO_2$，优级纯)，缓慢溶解到 80 mL 水中，定容至 100 mL，需新鲜配制。

⑥盐酸羟胺溶液 [$c(NH_2OH \cdot HCl)$=0.04 mol/L]：称取 0.556 g 盐酸羟胺($NH_2OH \cdot HCl$，优级纯)溶于 200 mL 水中，该溶液需现配现用。

⑦微扩散所需试剂：参照本章第三节。

⑧氦气(He)：纯度不应小于 99.999%。

⑨反应瓶：带铝盖和丁基橡胶塞的 20 mL 或 50 mL 玻璃反应瓶，压盖密封后可抽真空。

3) 操作步骤

(1) 微扩散法分离土壤浸提液中的 NH_4^+。微扩散法分离 NH_4^+ 的操作流程参照本章第三节。不同的是，扩散时间需要延长至 7~10 d，以提高 NH_4^+ 的回收率，减少同位素分馏。干燥后的滤纸片加入适量蒸馏水溶解、振荡，溶液氮浓度控制在 0.2~0.8 mg N/L，避免过高的 NH_4^+ 浓度降低 BrO^- 的氧化效率，造成同位素分馏。

(2) NH_4^+ 氧化生成 NO_2^-。吸取 5 mL 上述溶液置于 50 mL 反应瓶中，注入 0.5 mL 的碱性次溴酸钠溶液(试剂 4)，涡旋仪充分混匀后静置 45 min。最后加入 0.05 mL 亚砷酸钠溶液(试剂 5)，去除多余的 BrO^-，以避免影响下一步 NO_2^- 的还原。

(3) NO_2^- 还原生成 N_2O 气体。在上述样品中，先加入 0.5 mL 盐酸溶液 (1 mol/L)(试剂 2)调节样品溶液为强酸性(pH≈1)，压紧瓶盖，抽真空，补入 40~

45 mL 的高纯 He，再加入 0.5 mL 盐酸羟胺溶液(试剂 6)，于 37℃、120 r/min 振荡 16 h。

(4)化学转化反应的终止。反应结束后，需在反应瓶内注入 0.2 mL 10 mol/L NaOH 溶液(试剂 3)，快速地将反应体系的 pH 提高至 10 以上，终止反应，同时中和 HCl，防止酸性气体挥发进入质谱仪器。

(5)^{15}N 丰度测定。使用气密性进样针上下抽提三次，混匀瓶内顶空气体后，抽取出一定体积(视 N$_2$O 浓度而定)的气体样品注入预先抽真空的测样瓶中，立即用高纯 N$_2$ 平衡瓶内压力，或直接注入进样杆，用 PreCon-IRMS 测定气体样品 N$_2$O 的 ^{15}N 丰度，测定结果校正、计算后即为样品中 NH$_4^+$ 的 ^{15}N 丰度。

4)简要操作流程

图 4-12 为化学转化法分离浸提液中自然丰度 NH$_4^+$ 和质谱分析的流程示意图。

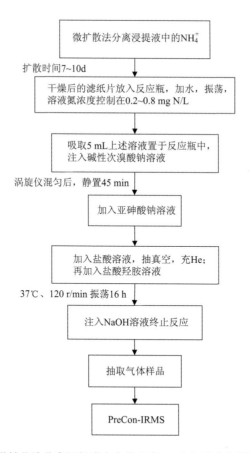

图 4-12　化学转化法分离浸提液中自然丰度 NH$_4^+$ 和质谱分析的流程示意图

2. 硝态氮

1)制备原理

在弱碱性条件下，用镀铜镉粒先将土壤浸提液中的 NO_3^- 还原为 NO_2^-，再在酸性缓冲介质中与叠氮酸盐(N_3^-)反应生成 N_2O(王曦等，2015)。当反应体系中存在大量卤素离子(Cl^-)时，反应生成 N_2O 的速率加快。反应式如下：

$$NO_3^- + Cd + H_2O \longrightarrow NO_2^- + 2OH^- + Cd^{2+}$$

$$HNO_2 + H_2O \longleftrightarrow H_2NO_2^+ + OH^-$$

$$H_2NO_2^+ + N_3^- \longrightarrow N_3NO + H_2O \longrightarrow N_2O + N_2 + H_2O$$

该反应产生的 N_2O 的两个 N 原子分别由 NO_3^- 还原的 NO_2^- 和 N_3^- 提供。由于该反应中 NO_3^- 需要先还原生成 NO_2^-，所以在处理前需使用氨基磺酸去除样品中的 NO_2^-，避免干扰。

2)仪器、器皿和试剂

（1）仪器。

①微量气体预浓缩装置-稳定同位素比质谱联用仪(PreCon-IRMS)。

②恒温振荡器。

③抽真空装置：用于去除反应瓶内的大气。

④pH 计。

⑤水浴恒温箱。

⑥通风橱：用于及时排出 HN_3 气体。

⑦超声波振荡仪。

（2）试剂和器具。

①镀铜镉粒：使用还原效率较高的市售镀铜镉粒。

②叠氮钠溶液[$c(NaN_3)=2$ mol/L]：称取 13.002 g 叠氮钠(NaN_3，优级纯)，加入约 80 mL 去离子水，溶解后转移到 100 mL 容量瓶中定容。

③乙酸溶液(20%)：按照乙酸(CH_3COOH，优级纯)与水的质量比 20/80=1/4 配制，置于冰箱(4℃)中保存。

④叠氮酸混合溶液：15 mL 20%乙酸溶液(试剂 3)与 15 mL 2 mol/L 叠氮钠溶液(试剂 2)混合，需新鲜配制。

⑤氢氧化钠溶液[$c(NaOH)=6$ mol/L]：称取 240.00 g 氢氧化钠($NaOH$，优级纯)，缓慢溶解到 800 mL 水中(边加边搅拌)，冷却后定容至 1000 mL，用聚乙烯瓶保存，稳定过夜。

⑥氯化钠溶液[$c(NaCl)=0.5$ mol/L]：称取 29.25 g 氯化钠($NaCl$，优级纯)，

溶于约 800 mL 去离子水，溶解后转移到 1000 mL 容量瓶中定容。

⑦咪唑溶液[c(C$_3$H$_4$N$_2$)=1 mol/L]：准确称取 68.08 g 咪唑(C$_3$H$_4$N$_2$，优级纯)溶于约 800 mL 去离子水中，溶解后转移到 1000 mL 容量瓶中定容。

⑧盐酸溶液[c(HCl)=0.5 mol/L]：吸取 10 mL 浓 HCl 溶液(优级纯)溶于 220 mL 水中。

⑨氦气(He)：纯度不应小于 99.999%。

⑩反应瓶：带铝盖和丁基橡胶塞的 20 mL 或 50 mL 玻璃反应瓶，压盖密封后可抽真空。

3)操作步骤

(1)土壤浸提液样品的稀释。使用 0.5 mol/L 氯化钠溶液(试剂 6)稀释土壤浸提液，将样品中 NO$_3^-$ 浓度降至 0.3 mg N/L 以下，以避免过高的 NO$_3^-$ 浓度降低转化效率，造成同位素分馏。如果使用低浓度土壤浸提体系(如 KCl 浓度≤0.5 mol/L)，氯化钠的添加还可提高溶液中的 Cl$^-$ 浓度(一般需调至 0.5 mol/L)。稀释后的样品体积需大于 40 mL，以保证单次反应所需的样品量(16 mL)。

(2)反应体系 pH 的调整。使用盐酸溶液和咪唑溶液形成的弱碱性缓冲体系，调节浸提液样品 pH=8.0。先在样品中加入数滴 0.5 mol/L 盐酸溶液(试剂 8)使其 pH=2～3，再缓慢滴入 1 mol/L 咪唑溶液(试剂 7)升高 pH。建议先滴入 4 滴后测定 pH，再根据需要补入 1～3 滴，最后令样品 pH=8.00±0.02。注意，空白样品中盐酸溶液和咪唑溶液均要减少用量，一般加入 1 滴盐酸溶液即可，咪唑溶液加入 2 滴后即测定 pH。

(3)镀铜镉粒还原 NO$_3^-$。取 5～8 颗镀铜镉粒(约 50 mg)加入已调 pH 的样品中，于 30℃、200 r/min 振荡 3 h 后，用 ϕ 7 cm 定性滤纸过滤，滤液留待下一步使用。

(4)化学转化生成 N$_2$O。取 16 mL 滤液置于 50 mL 反应瓶中，压盖密封，抽真空后加入 25 mL 高纯 He 平衡压力。用注射器抽取 0.8 mL 叠氮酸混合溶液(试剂 4)注入反应瓶中，此时反应体系的 pH 在 4～5，超声波振荡仪剧烈振荡 1 min 后，置于 30℃水浴中静置 30 min。

(5)化学转化反应的终止。在反应瓶内注入 0.5 mL 6 mol/L NaOH 溶液(试剂 5)，可快速提高反应体系的 pH 至 10 以上，终止反应。

(6)^{15}N 丰度测定。使用气密性进样针上下抽提三次，混匀瓶内顶空气体后，抽取一定体积的气体样品置于已预抽真空的顶空瓶内，马上注入高纯 N$_2$ 平衡气压，或直接注入进样杆，用 PreCon-IRMS 测定气体样品 N$_2$O 的 ^{15}N 丰度，测定结果校正、计算后即为样品中 NO$_3^-$ 的 ^{15}N 丰度。

4）简要操作流程

图4-13为化学转化法分离浸提液中自然丰度NO_3^-和质谱分析的流程示意图。

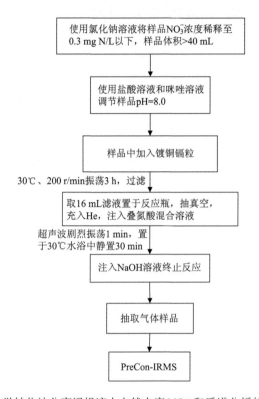

图4-13 化学转化法分离浸提液中自然丰度NO_3^-和质谱分析的流程示意图

3. 亚硝态氮

1）制备原理

在酸性缓冲介质中，土壤浸提液中的NO_2^-与叠氮酸盐（N_3^-）反应生成N_2O。当反应体系中存在大量卤素离子（Cl^-）时，反应生成N_2O的速率加快。反应式如下：

$$HNO_2 + H_2O \longleftrightarrow H_2NO_2^+ + OH^-$$

$$H_2NO_2^+ + N_3^- \longrightarrow N_3NO + H_2O \longrightarrow N_2O + N_2 + H_2O$$

反应产生的N_2O的两个N原子分别由NO_2^-和N_3^-提供。

2）仪器、器皿和试剂

（1）仪器。

①微量气体预浓缩装置-稳定同位素比质谱联用仪（PreCon-IRMS）。

②恒温振荡器。

③抽真空装置：用于去除反应瓶内的大气。

④pH 计。

⑤水浴恒温箱。

⑥通风橱：用于及时排出 HN_3 气体。

⑦超声振荡仪。

（2）试剂和器具。

①叠氮钠溶液[$c(NaN_3)$=2 mol/L]：称取 13.002 g 叠氮钠（NaN_3，优级纯），加入约 80 mL 去离子水，溶解后转移到 100 mL 容量瓶中定容。

②乙酸溶液（20%）：按照乙酸（CH_3COOH，优级纯）与水的质量比 20/80=1/4 配制，置于冰箱（4℃）中保存。

③叠氮酸混合溶液：15 mL 20%乙酸溶液（试剂 2）与 15 mL 2 mol/L 叠氮钠溶液（试剂 1）混合，需新鲜配制。需要特别注意，配制过程中会产生剧毒物质 HN_3，必须在通风橱中操作。

④氢氧化钠溶液[$c(NaOH)$=6 mol/L]：称取 240.00 g 氢氧化钠（NaOH，优级纯），缓慢溶解到 800 mL 水中（边加边搅拌），冷却后定容至 1000 mL，用聚乙烯瓶保存，稳定过夜。

⑤氯化钠溶液[$c(NaCl)$=0.5 mol/L]：称取 29.25 g 氯化钠（NaCl，优级纯），溶于约 800 mL 去离子水，溶解后转移到 1000 mL 容量瓶中定容。

⑥氦气（He）：纯度不应小于 99.999%。

⑦真空反应瓶：带铝盖和丁基橡胶塞的 20 mL 或 50 mL 玻璃反应瓶，压盖密封后可抽真空。

3）操作步骤

（1）土壤浸提液样品的准备。使用 0.5 mol/L 氯化钠溶液（试剂 5）稀释土壤浸提液，将样品中的 NO_2^- 浓度降至 0.3 mg N/L，避免过高的 NO_2^- 浓度降低转化效率，造成同位素分馏。如果使用低浓度土壤浸提体系（如 KCl 浓度≤0.5 mol/L），氯化钠的添加还可提高样品溶液中的 Cl^- 浓度，一般需调至 0.5 mol/L。由于土壤中的 NO_2^- 浓度一般较低，实际操作中基本可不用稀释，但浸提液体积需大于 16 mL，以保证单次反应所需的样品量（16 mL）。

（2）化学转化生成 N_2O。取 16 mL 土壤浸提液至 50 mL 反应瓶压盖密封，抽真空后加入 25 mL 高纯 He 平衡压力。用注射器抽取 0.8 mL 叠氮酸混合溶液（试剂 3）注入反应瓶中，此时反应体系的 pH 在 4～5，超声波振荡仪剧烈振荡 1 min 后，置于 30℃水浴中静置 30 min。加入叠氮酸混合溶液后，会产生少量 HN_3，虽然是在密封瓶中进行反应，还是建议在通风橱中操作。

(3)化学转化反应的终止。在反应瓶内注入 0.5 mL 6 mol/L NaOH 溶液(试剂4),可快速提高反应体系的 pH 至 10 以上,终止反应。

(4) ^{15}N 丰度测定。使用气密性进样针上下抽提三次,混匀瓶内顶空气体后,抽取一定体积的气体样品置于已预抽真空的顶空瓶内,马上注入高纯 N_2 平衡气压,或直接注入进样杆,用 PreCon-IRMS 测定气体样品 N_2O 的 ^{15}N 丰度,测定结果校正、计算后即为样品中 NO_3^- 的 ^{15}N 丰度。

4)简要操作流程

图 4-14 为化学转化法分离浸提液中自然丰度 NO_2^- 和质谱分析的流程示意图。

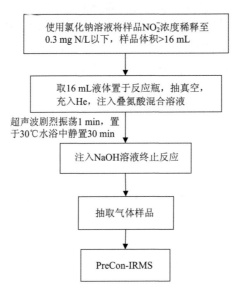

图 4-14　化学转化法分离浸提液中自然丰度 NO_2^- 和质谱分析的流程示意图

(三)结果计算

1. NH_4^+、NO_3^-、NO_2^- 的氮同位素比值分析结果的表述与计算

采用 δ 值表述自然丰度土壤样品中 NH_4^+、NO_3^-、NO_2^- 的氮同位素比值。

该方法产生的 N_2O 分子中的两个氮原子分别来自样品氮和试剂氮(N_3^-/NH_2OH)。在试剂氮的氮同位素比值恒定时,反应产生的 N_2O 的氮同位素比值与样品氮同位素比值存在线性关系,其理论斜率为 0.5。可以使用该方法测定一系列同位素标准物质,获得 N_2O 测定值与标准值的线性方程,用于计算样品的氮同位素比值(图 4-15 和图 4-16)。

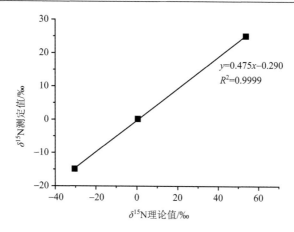

图4-15 化学转化法分离、测定样品中 NH_4^+ 的 ^{15}N 丰度时气态产物 N_2O 测定值与样品氮标准值的线性方程

所用样品为国际标准品 USGS 25、USGS 26 和 IAEA-N-1。需要注意，在建立样品氮同位素比值的计算方程时，习惯将 x 轴设为样品理论值，y 轴设为测定值，这样方程的斜率会接近 0.5，能直观地表现化学反应产生的 N_2O 中两个氮原子的来源。使用者在计算时要注意，需要计算求解的是 x 的值；下同

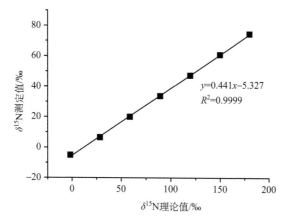

图4-16 化学转化法分离、测定样品中 NO_3^- 的 ^{15}N 丰度时气态产物 N_2O 测定值与样品氮标准值的线性方程

2. 测定结果的校准

1）空白试验

在试验中，反应产生 N_2O 的氮同位素比值与样品"真实值"的线性方程斜率往往低于 0.5。这是因为化学转化过程所使用的试剂、蒸馏水可能含有微量的杂质氮，空气中的 N_2O 也会部分溶解在水体中，在转化过程中干扰测定结果。因此，每个处理批次应设置至少 3 个空白样品，即使用等体积的 KCl 溶液，与土壤溶液

样品同时进行培养、转化、制气等前处理。在相同质谱分析条件下，空白产生的 m/z 44 的峰值应低于样品信号峰值的 10%，否则会影响测定结果的校准。

2) 两(多)点校正

要准确计算土壤浸提液无机氮的氮同位素比值，需通过两种或两种以上不同 ^{15}N 丰度的同位素标准样品对测定结果进行校正，另外一个目的是检验 ^{15}N 丰度测定的准确性。具体校正方法同本章第三节。一般选择的国际标准物质为：① NH_4^+ 可选择 IAEA-N-1 ($\delta^{15}N_{Air}$ =0.4‰)、USGS 25 ($\delta^{15}N_{Air}$ =−30.4‰)、USGS 26 ($\delta^{15}N_{Air}$ =53.7‰) 三种国际标准物质；② NO_3^- 可选择 USGS 34 ($\delta^{15}N_{Air}$ = −1.8‰)、USGS 32 ($\delta^{15}N_{Air}$ =180.0‰)、USGS 35 ($\delta^{15}N_{Air}$ =2.7‰)、IAEA-NO-3 ($\delta^{15}N_{Air}$ =4.7‰)；③ NO_2^- 可选择 RSIL-N7373 ($\delta^{15}N_{Air}$ =−79.6‰)、RSIL-N10219 ($\delta^{15}N_{Air}$ =2.8‰)、RSIL-N23 ($\delta^{15}N_{Air}$ =3.7‰)。在选择标准样品时，应尽量使其 ^{15}N 丰度覆盖样品的丰度范围，尽量接近样品丰度的上限和下限。标准样品均需使用与土壤浸提液相同的 KCl 溶液进行配制，浓度与所测的样品接近。在每批次样品测定时，都应包含两个或三个已知丰度的标准样品，至少 3 个重复，与样品同时进行培养、转化、制气等前处理工作，并与样品在相同质谱分析条件下测定。

(四) 注意事项

(1) 杂质氮的去除。制备过程中使用的试剂、水、器皿都可能含有一定量的杂质氮，为减少杂质氮引起的 ^{15}N 丰度稀释效应，应尽量使用优级纯试剂。KCl 需要高温灼烧 (450～600℃) 48 h，以减少杂质氮。在器材上，尽量使用一次性的容器。如果需要重复使用，则需彻底清洗，以防止器皿上残留氮对样品的污染。通常玻璃类的器皿，建议使用 0.2 mol/L 稀硫酸浸泡过夜，用自来水反复冲洗、蒸馏水润洗后烘干，在实验前用 450℃ 高温灼烧 12 h；塑料类和不锈钢类器皿建议使用 0.05 mol/L 新配制的 KOH 溶液浸泡过夜后，水洗烘干。实验操作过程中应佩戴洁净的一次性手套。

(2) 空气中 N_2O 的干扰。化学转化法分离无机氮的终产物是 N_2O，虽然空气中的 N_2O 浓度较低，如果操作不当也会对样品测定结果产生影响，为减少空气中的 N_2O 对样品气体的干扰，需要注意以下几点：

① 反应瓶和测样瓶需预先抽真空，真空度达 98% 以上。

② 为防止瓶内气压低于大气压，造成外部空气进入瓶内，在加液体样品和转移生成的气体前，需要在反应瓶和测样瓶内注入适量高纯 He，保证瓶内正压。

③ 转移反应瓶中的气体至测样瓶时，注意注射器和三通阀的气密性，转移前需要用高纯 He 冲洗注射器，注射前需轻轻推动活塞，避免针头内混合空气样品的污染。

(3) 需要特别注意，配制和使用叠氮酸混合溶液时会产生剧毒物质 HN_3，必须在通风橱中操作。

(4)试验使用的叠氮钠、单质溴、亚砷酸钠具有一定的毒性和危险性,需要注意安全。

(5)碱性次溴酸钠溶液、亚砷酸钠溶液、叠氮酸混合溶液、盐酸羟胺溶液都需现配现用。

(6)微扩散法分离NH_4^+的操作流程参照本章第三节。不同的是,扩散时间需要延长至$7\sim10$ d,以提高NH_4^+回收率,减少同位素分馏。

(五)方法的灵敏度与精确度

与本节第一部分介绍的化学转化法相比,本方法能实现对自然丰度土壤样品中NH_4^+、NO_3^-、NO_2^-的氮同位素比值的准确测定,在方法上有以下改进:

(1)规定了NH_4^+、NO_3^-、NO_2^-的反应体系。为避免因转化效率较低造成的同位素分馏,本方法对参与反应的NH_4^+、NO_3^-、NO_2^-浓度和反应体积均有明确规定,浓度一般不高于0.3 mg N/L。

(2)为了实现对自然丰度样品氮同位素比值的准确测定,本方法中建议直接使用国际标准品校准测定结果,标准品的氮浓度应与样品的氮浓度相当,尽可能减少测定误差。

(3)本方法的灵敏度更高,能准确测定的氮量下限为1 μg NH_4^+-N、5 μg NO_3^--N和0.2 μg NO_2^--N。土壤提取液中NH_4^+的浓度下限可低至约0.05 mg N/L,NO_3^-的浓度下限约为0.3 mg N/L,NO_2^-的浓度下限可低至约0.02 mg N/L。

(六)测定结果举例

表4-12为使用化学转化法测定4种自然丰度NO_3^-标准样品的^{15}N和^{18}O丰度结果,所有测定结果均接近标准样品的参考值,可见该方法的准确性非常高。

表4-12　使用化学转化法测定自然丰度NO_3^-标准样品^{15}N和^{18}O丰度的精密度和准确度

(单位:‰)

标准样品编号	$\delta^{15}N_{Air}$		$\delta^{18}O_{SMOW}$	
	参考值	测定值	参考值	测定值
USGS 35	2.7	2.93 ± 0.3	57.5	57.5 ± 0.6
IAEA-NO-3	4.7	4.5 ± 0.3	25.6	25.7 ± 0.5
ST-1	3.7	3.8 ± 0.3	11.4	11.0 ± 0.6
ST-2	14.6	14.7 ± 0.3	24.5	24.4 ± 0.5

注:USGS 35、IAEA-NO-3、ST-1、ST-2为4种自然丰度NO_3^-标准样品。测定结果用多点校正方法校准。

第五节　反硝化细菌法分离无机氮

虽然化学转化法能准确测定自然丰度和富集 ^{15}N 土壤无机氮的 ^{15}N 丰度，但是处理过程中使用的一些化学试剂具有毒性和危险性(如叠氮钠、单质溴、亚砷酸钠等)，往往难以购买，而且处理过程中会产生 HN_3 等剧毒物质，给处理操作带来一定困难和安全风险。反硝化细菌法，无须使用剧毒化学物质，操作安全，不仅适用于自然丰度样品，也适用于富集 ^{15}N 样品。本节介绍这一方法的原理和操作流程。

一、方法原理

使用对 NO_3^- 或 NO_2^- 具专一性的微生物，将其转化为 N_2O，再经微量气体预浓缩装置-稳定同位素比质谱联用仪(PreCon-IRMS)测定 N_2O 的氮、氧同位素比值。与化学转化法相似，本方法也同时保留了无机氮的氮同位素比值，以及 NO_3^- 和 NO_2^- 的氧同位素比值的信息。

二、操作步骤

(一)硝态氮

1. 制备原理

使用 *Pseudomonas aureofaciens*(*P. aureofaciens*)或 *Pseudomonas chlororaphis* (*P. chlororaphis*)这两种缺乏 N_2O 还原酶活性的兼性反硝化细菌，将 NO_3^- 和 NO_2^- 还原为 N_2O，而不产生 N_2。其中 *P. aureofaciens* 转化产生的 N_2O 可指示土壤浸提液中 NO_3^- 的氮、氧同位素比值，而 *P. chlororaphis* 转化产生的 N_2O 只指示土壤浸提液中 NO_3^- 的氮同位素比值。由于 *P. aureofaciens* 和 *P. chlororaphis* 均无法区分 NO_3^- 和 NO_2^-，样品处理前需先使用氨基磺酸去除样品中的 NO_2^-。

2. 仪器、器皿和试剂

1)仪器
(1)微量气体预浓缩装置-稳定同位素比质谱联用仪(PreCon-IRMS)。
(2)恒温振荡器。
(3)抽真空装置：用于去除反应瓶内的大气。
(4)离心机。
(5)灭菌锅。

(6)紫外分光光度计。

2)试剂和器皿

(1)反硝化细菌：*P. chlororaphis*（ATCC 43928）或 *P. aureofaciens*（ATCC 13985）。

(2)反硝化细菌培养基：TSB（tryptic soy broth）（30.0 g/L）、NH_4Cl（0.40 g/L）和 KH_2PO_4（4.90 g/L），需 121℃灭菌 50 min。

(3)1.5 mL 和 50 mL Eppendorf 离心管。

(4)30%甘油：需灭菌。

(5)500 mL 玻璃三角瓶，用于培养菌体。

(6)氮气（N_2）：纯度不应小于 99.999%。

(7)反应瓶：带铝盖和丁基橡胶塞的 20 mL 或 50 mL 玻璃反应瓶，压盖密封后可抽真空。

(8)吹扫装置（图 4-17）。

图 4-17　反硝化细菌法的吹扫装置

3. 操作步骤

1)种子液的制备

将 *P. chlororaphis*（ATCC 43928）或 *P. aureofaciens*（ATCC 13985）的冻干粉复苏后，接种到平板培养基，于 28～30℃培养 4 d 后，挑单菌落置于含 100 mL 培

养基的 500 mL 培养瓶中，21～22℃好氧培养 21～22 h。将培养后的菌液以 500 μL 一份，分装于 1.5 mL 已灭菌的离心管中，另加入 500 μL 已灭菌的 30%甘油，马上振荡摇匀后，于-20℃冰箱内存放 24 h 后，移至-80℃冷冻保存。

2) 接种培养细菌

在超净台内使用无菌枪头将 2 管种子液（约 2 mL）接种到含 100 mL 液体培养基的培养瓶（规格 500 mL 三角瓶）中，25℃、180 r/min 好氧摇培 12～15 h，菌体进入对数生长期，菌液 OD_{600} 值（即用紫外分光光度计测定的菌液在 600 nm 波长处的吸光值，可反映菌液浓度）在 0.4～0.6 为宜。

3) 重悬洗涤

培养后的菌液倒入 50 mL 离心管，7600 r/min 离心 5 min，弃上清液，倒扣放置于滤纸上，以去除多余培养基。再加入新鲜培养基洗涤、重悬、离心，重复 3 遍。

4) 调节菌液浓度

重悬洗涤完毕后测定菌液浓度。如果菌液 OD_{600} 值>0.6，可加入新鲜培养基稀释至 0.4～0.6；如菌液 OD_{600}<0.4，可浓缩菌液至 0.4～0.6。例如，30 mL 菌液离心后，用 15 mL 新鲜培养基重悬即可浓缩菌体，加入的新鲜培养基体积视浓缩倍数而定。菌液浓度过高或过低，均可能造成转化效率下降，产生同位素分馏。

5) 气体吹扫

将 2 mL 已调节 OD_{600} 的菌液加入 20 mL 反应瓶中，使用吹扫装置吹扫高纯 N_2 3 h，创造强烈厌氧环境激发菌体的反硝化能力，并去除培养基中少量的 NO_3^-，以及溶解于培养基中的少量 N_2O。

6) 加入样品

在用高纯 N_2 吹扫过的反应瓶中，加入 1～2 mL 土壤浸提液样品（先去除 NO_2^-）或标准样品（用于校准测定结果），反应体系中 NO_3^--N 总量控制在 0.3 μg N 左右。土壤浸提液中 NO_3^- 浓度控制在 0.15～0.3 mg N/L 为宜。若 NO_3^- 浓度低于 0.15 mg N/L，可适当增加样品体积（最大体积可至 10 mL，即样品氮浓度下限为 0.03 mg N/L，但需要结合专门的吹扫装置，如图 4-17 所示）；若高于 0.3 mg N/L 则需稀释。之后，将反应瓶放入摇床，100 r/min 摇培过夜，反应瓶的顶空气体中含反硝化细菌还原 NO_3^- 产生的 N_2O。

7) 样品转移与分析

反应结束后，需要尽快把反应瓶中的气体样品转移至顶空瓶（含 1～2 片固体 NaOH）或直接测定。使用气密性进样针上下抽提三次，混匀瓶内顶空气体后，抽取气体样品（尽可能多地取样，约为顶空体积的一半）置于已预抽真空的顶空瓶（含 1～2 片固体 NaOH）内，马上注入高纯 N_2 平衡气压，或直接注入进样杆，用

PreCon-IRMS 测定气体样品 N_2O 的 ^{15}N 丰度,测定结果校正后即为样品中 NO_3^- 的 ^{15}N 丰度。

8)简要操作流程

图 4-18 为反硝化细菌法分离浸提液中 NO_3^- 和质谱分析的流程示意图。

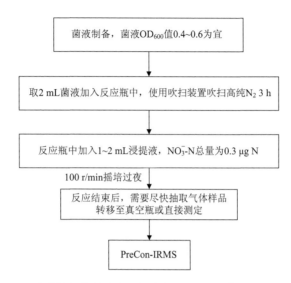

图 4-18　反硝化细菌法分离浸提液中 NO_3^- 和质谱分析流程示意图

(二)亚硝态氮

1. 制备原理

反硝化细菌 *Stenotrophomonas nitritireducens*(*S. nitritireducens*)能专一还原 NO_2^-,而不与 NO_3^- 反应,可以用于液体样品中 NO_2^- 的同位素组成测定。在同一份土壤浸提液中,依次使用不同的菌种,即 *S. nitritireducens* 和 *P. aureofaciens* 或 *P. chlororaphis*,可实现在同一份土壤浸提液中依次测定 NO_2^- 和 NO_3^- 的同位素组成。

2. 实验仪器、器皿和试剂

1)仪器

(1)微量气体预浓缩装置-稳定同位素比质谱联用仪(PreCon-IRMS)。

(2)恒温振荡器。

(3)抽真空装置:用于去除反应瓶内的大气。

(4)离心机。

(5) 灭菌锅。

(6) 紫外分光光度计。

2) 试剂和器具

(1) 反硝化细菌：*S. nitritireducens*（ATCC BAA-12）。

(2) 反硝化细菌培养基：TSB（15.0 g/L）、(NH$_4$)$_2$SO$_4$（0.25 g/L）和 KH$_2$PO$_4$（2.45 g/L），121℃ 灭菌 20 min。

(3) 1.5 mL 和 50 mL Eppendorf 离心管。

(4) 30%甘油：需灭菌。

(5) 500 mL 玻璃三角瓶，用于培养菌体。

(6) 氮气（N$_2$）：纯度不应小于 99.999%。

(7) 反应瓶：带铝盖和丁基橡胶塞的 20 mL 或 50 mL 玻璃反应瓶，压盖密封后可抽真空。

3. 操作步骤

1) 种子液的制备

将 *S. nitritireducens*（ATCC BAA-12）的冻干粉复苏后，接种到平板培养基，于 28~30℃培养 4 d 后，挑单菌落置于含 100 mL 培养基的 500 mL 培养瓶中，21~22℃好氧培养 21~22 h。将培养后的菌液以 500 μL 一份，分装于 1.5 mL 已灭菌的离心管中，另加入 500 μL 已灭菌的 30%甘油，马上振荡摇匀后，于–20℃冰箱内存放 24 h 后，移至–80℃冷冻保存。

2) 接种培养细菌

在超净台内使用无菌枪头将 2 管种子液（约 2 mL）接种到含 100 mL 液体培养基的培养瓶（规格 500 mL 三角瓶）中，25℃、180 r/min 好氧摇培 10~12 h，菌体进入对数生长期，菌体 OD$_{600}$ 在 0.3~0.9 为宜。

3) 重悬洗涤

培养后的菌液倒入 50 mL 离心管，9800 r/min 离心 5 min，弃上清液，倒扣放置于滤纸上，以去除多余培养基。再加入新鲜培养基洗涤、重悬、离心，重复 3 遍。

4) 调节菌液浓度

重悬洗涤完毕后测定菌液浓度。如菌液 OD$_{600}$>0.9，可加入新鲜培养基稀释至 0.3~0.9；如菌液 OD$_{600}$<0.3，可浓缩菌液至 0.3~0.9。例如，30 mL 菌液离心后，用 15 mL 新鲜培养基重悬即可浓缩菌体，加入的新鲜培养基体积视浓缩倍数而定。菌体浓度过高或过低，均可能造成转化效率下降，产生同位素分馏。

5）气体吹扫

将 4 mL 已调节 OD_{600} 的菌液加入 20 mL 反应瓶中，使用吹扫装置吹扫高纯 N_2 30 min，创造强烈厌氧环境激发菌体的反硝化能力，并去除培养基中少量的 NO_2^-，以及溶解于培养基中的少量 N_2O。

6）加入样品

在用高纯 N_2 吹扫过的反应瓶中，加入 1～2 mL 土壤浸提液样品或标准样品（用于校准测定结果）。反应体系中 NO_2^--N 总量控制在 0.3 μg N 左右。土壤浸提液中 NO_2^- 浓度控制在 0.15～0.3 mg N/L 为宜。若 NO_2^- 浓度低于 0.15 mg N/L，可适当增加样品体积（最大体积可至 20 mL，即样品浓度下限为 0.015 mg N/L，但需要结合专门的吹扫装置，如图 4-17 所示）；若高于 0.3 mg N/L 则需稀释。混匀后静置反应 1 h，反应瓶的顶空气体中含反硝化细菌还原 NO_2^- 生成的 N_2O。

7）样品转移与分析

反应结束后，需要尽快把反应瓶中的气体样品转移至顶空瓶（含 1～2 片固体 NaOH）或直接测定。使用气密性进样针上下抽提三次，混匀瓶内顶空气体后，抽取气体样品（尽可能多地取样，约为顶空体积的一半）置于已预抽真空的顶空瓶（含 1～2 片固体 NaOH）内，马上注入高纯 N_2 平衡气压，或直接注入进样杆，用 PreCon-IRMS 测定气体样品 N_2O 的 ^{15}N 丰度，测定结果校正后即为样品中 NO_2^- 的 ^{15}N 丰度。

8）后续 NO_3^- 同位素比值测定

完成 NO_2^- 的测定后，从上述反应瓶内吸取一定体积的混合液（根据土壤提取液 NO_3^- 浓度和稀释倍数计算，NO_3^--N 总量控制在 0.3 μg N 左右），按照反硝化细菌法测定 NO_3^- 同位素比值的流程操作，即可实现在同一份土壤浸提液中依次测定 NO_2^- 和 NO_3^- 的同位素组成。

9）简要操作流程

图 4-19 为反硝化细菌法分离浸提液中 NO_2^- 和 NO_3^- 与质谱分析的流程示意图。

（三）铵态氮

1. 制备原理

土壤浸提液中的 NH_4^+ 无法直接用反硝化细菌转化测定，但将 NH_4^+ 转化为 NO_3^- 或 NO_2^- 后，便可以用反硝化细菌法测定其氮同位素组成。本章第四节的低浓度碱性次溴酸钠方法（化学转化法），可将 NH_4^+ 转化为 NO_2^-；而使用过硫酸钾氧化剂，可将 NH_4^+ 转化为 NO_3^-，然后使用反硝化细菌方法便可测定其氮同位素比值。本节主要介绍过硫酸钾氧化 NH_4^+ 为 NO_3^- 后，使用反硝化细菌法测定氮同位素比值的操作流程。

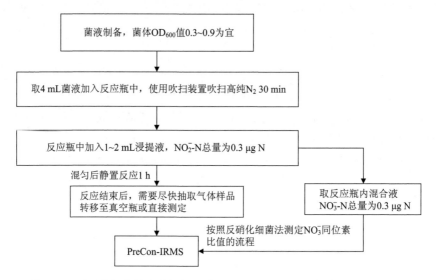

图 4-19　反硝化细菌法分离浸提液中 NO_2^- 和 NO_3^- 与质谱分析的流程示意图

2. 仪器、器皿和试剂

1）仪器

（1）微量气体预浓缩装置-稳定同位素比质谱联用仪（PreCon-IRMS）。

（2）恒温振荡器。

（3）抽真空装置：用于去除反应瓶内的大气。

（4）离心机。

（5）灭菌锅。

（6）紫外分光光度计。

2）试剂和器具

（1）反硝化细菌：*P. chlororaphis*（ATCC 43928）或 *P. aureofaciens*（ATCC 13985）。

（2）反硝化细菌培养基：TSB（30.0 g/L）、NH_4Cl（0.40 g/L）和 KH_2PO_4（4.90 g/L），需 121℃灭菌 50 min。

（3）1.5 mL 和 50 mL Eppendorf 离心管。

（4）30%甘油：需灭菌。

（5）氢氧化钠溶液[$c(NaOH)=0.375$ mol/L]：称取 15.00 g 氢氧化钠（NaOH，

优级纯)，缓慢溶解到 800 mL 水中(边加边搅拌)，冷却后定容至 1000 mL，用聚乙烯瓶保存。

(6) 过硫酸钾氧化剂：称取 5.00 g 过硫酸钾($K_2S_2O_4$，优级纯)和 3.00 g 硼酸(H_3BO_3，优级纯)溶解于 100 mL NaOH 溶液(0.375 mol/L)(试剂 5)中，配置后储存于 4℃冰箱。

(7) 500 mL 玻璃三角瓶，用于培养菌体。

(8) 氮气(N_2)：纯度不应小于 99.999%。

(9) 反应瓶：带铝盖和丁基橡胶塞的 20 mL 或 50 mL 玻璃反应瓶，压盖密封后可抽真空。

3. 操作步骤

(1) 微扩散法分离土壤浸提液中的 NH_4^+。

微扩散法操作流程参照本章第三节。干燥后的滤纸片加入适量蒸馏水溶解、振荡，溶液氮浓度控制在 0.15～0.3 mg N/L。

(2) NH_4^+ 氧化生成 NO_3^-。

取 1～2 mL 步骤(1)获得的含 NH_4^+ 的溶液置于 50 mL 反应瓶中，反应体系中 NH_4^+-N 总量控制在 0.3 μg N 左右。注入 1～2 mL 过硫酸钾氧化剂(样品体积：氧化剂体积=1∶1)，立即封盖，放入高压灭菌锅，于 121℃条件下反应 1 h，取出冷却，储存于 4℃冰箱。

其余操作流程同反硝化细菌法分离、测定溶液中 NO_3^- 的 ^{15}N 丰度流程。

三、测定结果的校准

1. 空白试验样品

土壤 KCl 浸提液中含有高浓度 KCl，K^+、Cl^- 的存在会影响反硝化细菌的转化能力；另外，KCl 浸提液中的杂质氮也会干扰测定。培养基中反硝化细菌代谢产生的 NO_3^- 和 NO_2^-，也会干扰样品的测定。因此，每批次测试样品应设置 3 个空白试验样品，即等体积的 KCl 溶液，与样品同时进行培养、转化、制气等前处理。在相同质谱分析条件下，空白产生的 m/z 44 的峰值应低于样品信号峰值的 10%。

2. 两(多)点校正

要准确计算土壤浸提液 NO_2^- / NO_3^- 的氮同位素比值，必须通过两种或两种以上不同 ^{15}N 丰度的同位素标准样品对测定结果进行校正，消除因试剂中杂质氮、反硝化细菌活性产生的转化效率差异(不同批次反硝化细菌的反硝化效率可能存在差异)等前处理过程带来的误差。另外一个目的是检验 ^{15}N 丰度测定的准确性。具体校正方法同本章第三、四节。

四、注意事项

(一)杂质氮的去除

制备过程中使用的试剂、水、器皿都可能含有一定量的杂质氮，为减少杂质氮引起的 ^{15}N 丰度稀释效应，应尽量使用优级纯试剂。KCl 需要高温灼烧(450～600℃)48 h，以减少杂质氮。试验中所使用的玻璃器皿使用 0.2 mol/L 稀硫酸浸泡过夜后，用自来水反复冲洗、蒸馏水润洗后烘干，并在实验前用 450℃高温灼烧12 h。实验操作过程中应佩戴洁净的一次性手套。在反硝化细菌法中，杂质氮的去除效率很大程度上取决于高纯 N_2 的吹扫过程。为保证充分去除杂质氮，建议使用可调节吹扫气体流速的吹扫装置(图 4-17)，彻底除去培养基中残留的 NO_2^- /NO_3^-，以及溶解在培养基中的微量 N_2O，提高测定结果的精密度和准确度。吹扫装置的另一大优点是能实现 50～100 个反应瓶同时吹扫，气体流速稳定，吹扫效率提高。使用吹扫装置可使质谱分析中空白信号值降低至样品信号值的 0.05%。

(二)种子液的使用

与单菌落接种培养方式相比，种子液接种可大批量保种，保证不同批次菌体生长趋势稳定，菌体浓度较一致，极大程度上提高了不同批次菌体的可比性。在培养时间上，种子液摇培 0.5 d 即可使用，而单菌落法需先在平板上培养 1～2 d，再转接到液体培养基摇培 2～5 d，操作烦琐，增加了被杂菌污染的风险。使用种子液可以简化操作步骤，节约培养时间，降低染菌风险。

(三)好氧培养的作用

S. nitritireducens、*P. aureofaciens* 和 *P. chlororaphis* 均是兼性菌，在好氧或厌氧条件下均能生长。在厌氧条件下虽然能保证菌体的反硝化能力，但菌体生长非常缓慢，通常需要 7～10 d 的培养时间，而且菌体长势难以控制。而在好氧条件下，菌体长势迅速，在 4～16 h 即能迅速到达对数生长期，经过长时间的高纯 N_2 吹扫，菌体能适应厌氧环境，保证反硝化的效率。

(四)菌液浓度的调节

反硝化细菌法测定 NO_2^- /NO_3^- 时，菌液浓度对其反硝化能力有很大影响，菌液浓度过高或过低均可能造成转化不彻底，产生同位素分馏。菌液浓度主要与菌体所处的生长时期有关，也和浓缩、稀释等操作有关。只有处于对数生长期的菌体才能保证反硝化效率，而稳定期或衰亡期的菌体生理代谢减缓，反硝化能力下降。可采用 OD_{600} 值调节菌液浓度，该方法操作简便，能灵敏地反映菌液的浓度高低。通过调节 OD_{600} 值，能保证不同批次间实验结果的稳定性。

（五）NH_4^+、NO_3^-、NO_2^- 的反应体系

对于自然丰度的样品，需要调节样品中的 NH_4^+、NO_3^-、NO_2^- 浓度（土壤提取液一般可使用 KCl 溶液稀释样品），控制在 0.15～0.3 mg N/L 为宜，样品浓度过高会降低转化效率，造成同位素分馏。对于氮浓度很低的样品，需要适当增加样品量，保证有足够的氮参与反应（0.3 μg N）。使用 *P. aureofaciens* 和 *P. chlororaphis* 转化 NO_3^- 时，样品体积可增加至 10 mL，使用 *S. nitritireducens* 转化 NO_2^- 时，样品体积可进一步扩大至 20 mL，但需要结合专门的吹扫装置（图 4-17），才能降低样品中空白杂质氮的影响。

五、反硝化细菌法的特点

（一）安全性好

与化学转化方法相比，本节提出的反硝化细菌法是采用生物转化过程将无机氮转化生成 N_2O 的方法，不需要使用叠氮钠、单质溴、亚砷酸钠等剧毒危险品，反应产物安全无毒。

（二）高效省时，稳定性好

本节提出的反硝化细菌法对菌液制备等过程进行了改良，能够实现在较短的时间内（<1 d）完成培养和样品处理。使用种子液和调节菌液浓度的方法，可以有效减少不同批次菌液的差异；同时，采用样品气体转移的方法，大大延长了反应产物（N_2O）的保存时间。这些技术改进克服了因为微生物培养生长过程的差异，导致测定结果不够稳定、培养时间长和工作效率低的缺点。

（三）灵敏度与精确度更高

与化学转化法相比，本方法的灵敏度更高，反应体系中仅需要 0.3 μg N，土壤提取液 NH_4^+ 或 NO_3^- 浓度下限可低至 0.03 mg N/L，NO_2^- 浓度下限可低至 0.015 mg N/L。

六、测定结果举例

表 4-13 和表 4-14 分别为使用反硝化细菌法测定 3 种自然丰度 NO_3^- 标准样品 ^{15}N 和 ^{18}O 丰度和不同 pH 土壤 NO_2^- 的 ^{15}N 丰度结果。使用反硝化细菌法测定的

NO_3^- 标准样品的氮、氧丰度数值均与其参考值一致。使用反硝化细菌法和化学转化法测定的不同 pH 土壤 NO_2^- 的 ^{15}N 丰度结果也基本一致，可见该方法的准确性非常高。

表 4-13　反硝化细菌法测定 NO_3^- 国际标准品的 ^{15}N 和 ^{18}O 丰度　　　（单位：‰）

标准样品编号	$\delta^{15}N_{Air}$		$\delta^{18}O_{SMOW}$	
	参考值	测定值	参考值	测定值
USGS 34	−1.8	−1.7±0.2	−27.9	−27.9±0.6
IAEA-NO-3	4.7	4.3±0.3	25.6	25.8±0.5
USGS 35	2.7	3.2±0.3	57.5	57.1±0.6

注：USGS 34、IAEA-NO-3、USGS 35 为三个标准物质。测定结果用多点校正方法校准。

表 4-14　反硝化细菌法和化学转化法测定不同 pH 土壤 NO_2^- 的 ^{15}N 丰度比较

土壤类型	pH	$\delta^{15}N$ 校正值/‰	
		反硝化细菌法	化学转化法
农田土(四川盐亭)	7.96	−13.46±0.28	−13.81±0.21
水稻土(广西桂林)	7.28	−14.06±0.04	−14.81±0.23
水稻土(吉林长春)	6.23	−13.84±0.08	−14.11±0.38
水稻土(安徽安庆)	5.23	−14.26±0.05	−13.44±0.57
森林土(江西鹰潭)	4.40	−13.68±0.17	−12.78±0.41

注：人为添加了 20 nmol 的 NO_2^-（理论 ^{15}N 丰度为−13.58‰），土壤样品的 $\delta^{15}N$ 校正值为使用 RSIL-N7373、RSIL-N10219、RSIL-N23 三种国际标准品校正后的结果。

第六节　土壤无机氮前处理方法比较和选择

目前共有 4 种前处理方法可以用来分离溶液样品中的无机氮，制备成可供稳定同位素比质谱仪分析用的样品，即氧化镁-达氏合金蒸馏法、微扩散法、化学转化法和反硝化细菌法。在本章第二至五节分别对上述方法进行了详细的介绍，本节主要是总结各种方法的特点，为使用者提供选择建议（表 4-15）。

一、氧化镁-达氏合金蒸馏法

氧化镁-达氏合金蒸馏法是一种经典的传统方法，该方法耗时较长，氮量需求大，操作烦琐，处理过程中容易发生样品交互污染。如果具备使用其他 3 种前处理方法的条件，建议不要选择该方法。

表 4-15 不同无机氮前处理方法比较简表

方法	时间/d	氮量下限/μg N	溶液氮浓度下限/(mg N/L)	可靠性	安全性	操作性
氧化镁-达氏合金蒸馏法	NH_4^+:1~2 NO_3^-:3~4	100	2	容易发生交互污染	安全	步骤烦琐
微扩散法		10	0.2~8	NO_3^- 易受残留的 NH_4^+ 影响	安全	易
^{15}N富集 (化学转化法)	NH_4^+:2 NO_3^-:1 NO_2^-:1	NH_4^+:20 NO_3^-:5 NO_2^-:0.5~1	NH_4^+:0.4 NO_3^-:0.2 NO_2^-:0.02	不同形态氮之间没有交互污染,可靠性好	NH_4^+:使用的试剂有毒性 NO_3^-:安全 NO_2^-:安全	NH_4^+:使用的碱性次溴酸钠溶液配制步骤烦琐,且效果很不稳定 NO_3^-:易 NO_2^-:易
自然丰度 (化学转化法)	NH_4^+:2 NO_3^-:0.5 NO_2^-:0.5	NH_4^+:1 NO_3^-:5 NO_2^-:0.2	NH_4^+:0.05 NO_3^-:0.3 NO_2^-:0.02	不存在不同形态氮的交互污染,可靠性好	NH_4^+:使用的试剂有毒性 NO_3^- 和 NO_2^-:叠氮钠有毒性,非常大,且操作过程产生有毒气体	易
反硝化细菌法	NH_4^+:1 NO_3^-:0.5 NO_2^-:0.1	NH_4^+:0.3 NO_3^-:0.3 NO_2^-:0.3	NH_4^+:0.03 NO_3^-:0.03 NO_2^-:0.015	不存在不同形态氮的交互污染,可靠性好	安全	易

二、微扩散法

微扩散法是目前使用较为广泛的一种前处理方法。该方法耗时较短，对氮量需求较小，溶液氮浓度下限可到 0.2 mg N/L，而且操作简单，安全性高。在处理过程中严格按照规范操作，能够满足氮同位素分析的要求，特别是 ^{15}N 示踪试验样品。需要注意的是，在分离 NH_4^+ 之后，扩散体系中 NH_4^+ 的去除效率是影响 NO_3^- 测定结果准确性的关键因素，尤其是在两者丰度差异较大的情况下，容易发生污染。所以，如果具备化学转化法或反硝化细菌法处理条件，建议使用微扩散法处理 NH_4^+，用化学转化法或反硝化细菌法处理 NO_3^-。

三、化学转化法

化学转化法又进一步分为处理富集 ^{15}N 样品和自然丰度样品两种方法。与微扩散法相比，该方法具有以下特点：

(一)优点

(1)化学转化法有效避免了溶液中不同形态氮之间的交叉污染问题。

(2)反应的产物是 N_2O 气体，由于空气中 N_2O 的含量很低，大大消除了环境气体的污染问题，提高了测定结果的准确性；同时产生的 N_2O 气体，不仅保留了氮同位素的特征，还有氧同位素的信息。

(3)能够实现对 NO_2^- 的氮同位素比值的准确测定。

(4)化学转化法处理 NO_3^- 和 NO_2^- 的灵敏度高于微扩散法。

(5)耗时短。

(6)容易操作。

(二)缺点

(1)处理 NH_4^+ 时使用的一些试剂有毒性，碱性次溴酸钠溶液配制步骤烦琐，且效果很不稳定。

(2)处理自然丰度 NO_3^- 和 NO_2^- 时使用的一些试剂毒性大，且操作过程中会产生有毒气体。

(三)选择建议

建议处理富集 ^{15}N 样品 NO_3^- 和 NO_2^- 时，选择该方法。

四、反硝化细菌法

反硝化细菌法无须使用剧毒化学物质，容易操作，安全可靠，耗时短，能同时测定无机氮的氮同位素比值和 NO_3^-/NO_2^- 的氧同位素比值。该方法不仅适用于自然丰度样品，也适用于富集 ^{15}N 的样品。与前三种方法相比，反硝化细菌法耗时更短，操作更简单，而且对溶液氮浓度下限要求更低，土壤提取液 NH_4^+ 或 NO_3^- 浓度下限可低至 0.03 mg N/L， NO_2^- 浓度下限可低至 0.015 mg N/L。

五、选择处理方法的建议

(一)富集 ^{15}N 样品

^{15}N 示踪试验样品的无机氮浓度通常较高，建议采用微扩散法处理溶液中的 NH_4^+（NH_4^+ -N 浓度>0.3 mg N/L）；对于 NH_4^+ -N 浓度<0.3 mg N/L 的样品，可采用反硝化细菌法处理。建议采用化学转化法处理溶液中的 NO_3^- 和 NO_2^-，对于浓度低于检测下限的样品，可以用反硝化细菌法处理。如果选择微扩散法处理 NO_3^-，必须严格按照规范操作，可适当延长扩散去除 NH_4^+ 的时间，尽最大可能提高去除效率，消除残留 NH_4^+ 的影响。

(二)自然丰度样品

自然丰度样品的无机氮浓度通常较低，建议采用反硝化细菌法处理溶液中的 NH_4^+、NO_3^- 和 NO_2^-。即使溶液中氮浓度较高(如>2 mg N/L)，也不推荐使用微扩散法，因为该方法的测定结果变异很大，目前尚未明确导致结果不确定性大的具体原因。可能的原因是，扩散法制备的样品需要通过高温氧化、还原等过程将样品中的氮转化为 N_2，再进行质谱分析，空气中 N_2 的背景浓度很高，对自然丰度样品的测定结果影响大；而反硝化细菌法是将样品转成 N_2O，再进行质谱分析，空气中 N_2O 浓度很低，对样品分析的影响小，提高了分析的准确性。

思考与讨论

1. 简述土壤无机氮的提取和保存方法及其注意事项。

2. 综述土壤提取液中无机氮的前处理方法(主要包括方法原理、操作流程、检测限和注意事项)，并比较各种处理方法的优缺点和使用范围。

3. 简述稳定同位素比质谱仪测定结果的校准方法。

第五章　气态样品前处理方法与碳氮同位素质谱分析

土壤碳、氮循环过程中会产生各种气态产物，其中 N_2 是反硝化过程的最终产物，是环境中过量活性氮最理想的去向，CO_2、CH_4 和 N_2O 则是三种重要的温室气体。研究这些气体的产生途径、排放量和影响因素是土壤碳氮生物地球化学循环的重要方向。碳氮稳定同位素示踪技术是开展上述研究的重要工具。本章主要介绍碳氮稳定同位素示踪中气态样品 N_2、CO_2、CH_4 和 N_2O 的前处理方法与质谱分析。

第一节　气态样品的保存方法

气态样品中 N_2、CO_2、N_2O、CH_4 的碳氮同位素比值测定的准确性受气体采集过程、试验操作、储存条件、仪器设备状态等诸多因素的影响。实际工作中，气体样品经常无法立即测定，需要在一定条件下储存。不当的储存条件可能造成样品的浓度和碳氮同位素丰度发生变化，因此正确保存气态样品是准确测定元素同位素丰度的前提。储存容器和储存时间是首先需要考虑的因素。本节介绍气态样品的保存方法。

一、储存容器

气袋和玻璃气瓶是常见的气体样品储存容器，常见的有：①不同体积的铝箔采样袋（几十毫升至几十升）[图 5-1(a)]；②不同体积的螺纹口顶空瓶（几十至几百毫升）+带支脚的丁基橡胶塞，常用的是 20 mL[图 5-1(b)和(d)]；③不同体积的钳口顶空瓶（几十至几百毫升）+聚四氟乙烯（PTFE）/硅橡胶隔垫[图 5-1(c)和(e)]。其中螺纹口顶空瓶与旋口塑料盖[图 5-1(f)]配合使用，钳口顶空瓶与钳口铝盖[图 5-1(g)]配合使用，起到密封、固定的作用。

二、各种储存容器的保存效果

(一)气袋

气袋因方便携带、操作简单，被广泛用于气体样品的储存。但气袋的储存时间通常较短，储存过程中，因气袋材料、阀门密封性等问题，外界大气与气袋内样品间可能会发生扩散交换的现象，导致气袋中气体浓度和元素同位素丰度发生

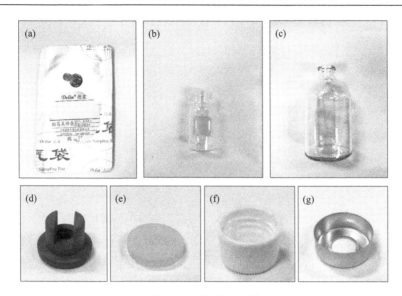

图 5-1 气体储存容器

(a) 铝箔采样袋；(b) 20 mL 螺纹口顶空瓶；(c) 120 mL 钳口顶空瓶；(d) 带支脚的丁基橡胶塞；(e) 聚四氟乙烯(PTFE)/硅橡胶隔垫；(f) 旋口塑料盖；(g) 钳口铝盖

变化(图 5-2)。为了增加密封性，铝箔采样袋使用前应将气袋隔垫换为气密性好的优质硅橡胶隔垫或丁基橡胶隔垫，用高纯 He(99.999%)冲洗气袋后抽真空，重复 3 次后，再注入待测气体。

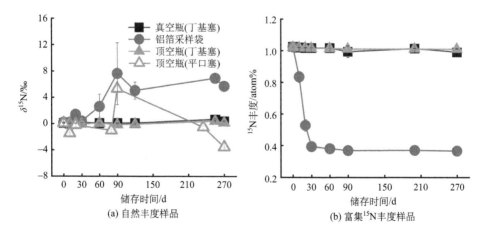

图 5-2 不同储存容器中 N_2O 的氮同位素丰度随时间的变化

该研究中空气 N_2O 的 $\delta^{15}N$ 为 5.585‰，^{15}N 原子百分比为 0.3685 atom%；自然丰度样品的 $\delta^{15}N$ 为 0.070‰，富集丰度样品 ^{15}N 原子百分比为 1.023 atom%

铝箔采样袋储存气体样品的时间一般不宜超过 7 d，甚至更短(1~2 d)，否则会明显影响样品的元素同位素丰度(图 5-2)。空气中 N_2 的含量为 78%左右，远远高于 N_2O、CH_4 和 CO_2 的浓度，因此 N_2 样品不适合存放于气袋中保存。

(二)气瓶

气瓶(顶空瓶)也是一种常用的气体样品储存容器。使用气瓶保存气体样品时，首先要将气瓶抽真空，使瓶内气压小于-98 kPa；注入气体样品后，应确保内外气压强一致或瓶内压强稍高。如果气体样品体积小于气瓶体积，瓶内呈负压，空气很容易漏入瓶内，污染样品。此时，必须充入一定量的惰性气体(一般使用高纯 He，如不需要测定样品中的 N_2，也可以使用高纯 N_2)平衡样品瓶内的气压强。对于 N_2O 样品，可使用普通塑料注射器采集、注入气瓶中；而 CH_4、CO_2 和 N_2 三种气体样品应尽量使用气密性精密注射器，因为空气中上述气体的含量很高，极易影响气体样品氮碳同位素比值的测定。

密封塞的材质和形状会明显影响气瓶的储存效果，但螺纹口和钳口两种封盖方式的影响并不明显(图 5-2)。推荐使用螺纹口/钳口顶空瓶+带支脚的丁基橡胶塞储存气体样品，可有助于保证气瓶(尤其是大体积顶空瓶)的密封性。螺纹口/钳口顶空瓶+丁基橡胶塞(带支脚)储存的 N_2O 样品，其 ^{15}N 丰度可以储存 200 d 以上，并且不发生明显变化(图 5-2)。空气中 CH_4、CO_2 和 N_2 的浓度均大于 N_2O，因此这三种气体在气瓶中的存放时间应短于 N_2O，建议不超过 120 d，最长在 150 d 以内。

(三)储存的环境条件

气袋和气瓶均建议置于干燥的室内环境中保存，温度以 10~28℃为宜。

第二节　N_2 同位素比值的质谱分析

N_2 作为土壤氮素反硝化过程的最终产物，探究其排放量、产生途径及影响因素是土壤氮素研究的一个重要课题。对于 N_2 而言，唯一能直接测定原位通量的方法就是 ^{15}N 标记-气体通量法，而测定 N_2 浓度及其 ^{15}N 丰度是关键的技术问题。但是，由于大气环境中 N_2 的背景值非常高，准确测定反硝化过程中产生的微量 N_2 存在相当大的困难。本节介绍一种同时测定 N_2 浓度及其 ^{15}N 丰度的方法，以及高 ^{15}N 丰度的 N_2 同位素比值的准确测定技术。

一、N_2浓度和 ^{15}N 丰度的测定方法

(一)方法原理

N_2样品进入稳定同位素比质谱仪的离子源后,将产生 m/z 28 $[^{14}N^{14}N]^+$、m/z 29 $[^{14}N^{15}N]^+$ 和 m/z 30 $[^{15}N^{15}N]^+$ 3 种离子束。由于仪器内和气体样品中氧的存在,在离子源中还会产生与$[^{15}N^{15}N]^+$相同 m/z 的离子$[^{14}O^{16}O]^+$,而且 m/z 30 接收杯的放大器高阻值很大,在通常情况下很难准确测定 m/z 30 的峰值。一些实验结果表明,m/z 28 的离子流强度与 N_2 进样量呈良好的线性相关关系,因此,可以根据已知浓度的 N_2 样品进样量(即 N_2 样品的氮量)与对应 m/z 28 的离子流强度之间的线性关系,获得 N_2 浓度的标准曲线方程。根据气体样品的进样体积和标准曲线方程便可计算得到被测样品中的 N_2 浓度。

(二)仪器与设备

(1)带有自动进样系统的微量气体预浓缩装置–稳定同位素比质谱联用仪(PreCon-IRMS)。

(2)烘箱。

(3)恒温振荡器。

(4)气密性进样针(10 mL)。

(5)注射器(1 mL、10 mL)。

(6)顶空瓶(18.5 mL 或 20 mL)。

(7)抽真空装置。

(8)铝箔气袋(1 L)。

(三)N_2 标准曲线的制作

1. 试剂

(1)碱性次溴酸钠溶液$[c(NaBrO)=3 \text{ mol/L}]$:将 400 g 氢氧化钠(NaOH,优级纯)溶解于 800 mL 水中,定容至 1000 mL,溶液置于冰中冷却,放置于聚乙烯瓶中保存过夜。移出一半 NaOH 溶液至 1000 mL 的烧杯中,先将其浸埋在碎冰内,再向 NaOH 溶液中缓缓加入 60 mL 溴单质(Br_2),控制溴加入的速度,并剧烈地搅拌,使溶液温度保持在 5℃以下。然后再加入另一半的 NaOH 溶液,混合均匀后装入棕色试剂瓶中,密封,置于 4℃冰箱中保存。

(2)高 ^{15}N 丰度的 N_2(>99 atom%):称取 10 mg 左右的高 ^{15}N 丰度(>99 atom%)的$(NH_4)_2SO_4$ 置于小烧杯中,在 80℃的烘箱中烘干约 2 h;然后称取已烘干的

$(NH_4)_2SO_4$ 9.429 mg(含氮量为 2 mg)放置于至 50 mL 样品瓶中。将样品瓶放入抽真空装置中,抽真空后(真空度小于–98 kPa)压紧瓶盖,立即注入 45 mL 高纯 He;之后马上用注射器吸取 1 mL 碱性次溴酸钠溶液(试剂 1),注入真空样品瓶中,立即用硅橡胶密封针孔,并将样品瓶置于恒温振荡器中,于 25℃、120 r/min 振荡 2 h。

2. N_2 系列样品的制备

(1)自然丰度 N_2 浓度梯度样品:使用气密性进样针吸取一定体积的高纯 N_2(纯度 99.999%),体积分别为 0.08 mL、0.2 mL、0.4 mL、0.8 mL、1.2 mL、1.6 mL、2 mL、2.4 mL、2.8 mL、3.2 mL、4 mL、4.8 mL、5.6 mL、6.4 mL、7.2 mL 和 8 mL,分别注入真空度小于–98 kPa 的顶空瓶(20 mL)中,用高纯 He 充分平衡顶空瓶内压力,即可得到 N_2 浓度梯度样品。每个浓度设置 3 个重复。

(2)低 ^{15}N 丰度的 N_2 浓度梯度样品(< 1 atom%):使用气密性进样针吸取一定体积的高 ^{15}N 丰度 N_2 置于铝箔气袋中,立即充入高纯 N_2 进行混合稀释,制备成具有一定 ^{15}N 丰度的 N_2 样品,通过控制高 ^{15}N 丰度 N_2 和自然丰度高纯 N_2 的体积之比可得到所需要的低 ^{15}N 丰度 N_2 样品。之后使用气密性进样针吸取一定体积的低 ^{15}N 丰度 N_2,体积分别为 0.08 mL、0.2 mL、0.4 mL、0.8 mL、1.2 mL、1.6 mL、2 mL、2.4 mL、2.8 mL、3.2 mL、4 mL、4.8 mL、5.6 mL、6.4 mL、7.2 mL 和 8 mL,分别注入真空度小于–98 kPa 的顶空瓶(20 mL)中,用高纯 He 充分平衡顶空瓶内压力,即可得到 N_2 浓度梯度样品。每个浓度设置 3 个重复。

(四)分析步骤

1. 质谱分析

将装有气体样品的顶空瓶按照顺序放置在自动进样器上,编辑样品测定序列,用 PreCon-IRMS 测定样品 m/z 28 的离子流强度及氮同位素比值。

2. 标准曲线的绘制

以 N_2 气体的进样体积(mL)为横坐标,m/z 28 的离子流强度(mV)为纵坐标,绘制出标准曲线,得到气体进样体积与 m/z 28 离子流强度的线性关系方程(图 5-3 和图 5-4)。

(五)结果计算

N_2 浓度的标准曲线可用式(5-1)表示:

$$A_s = aV_s + b \qquad (5\text{-}1)$$

式中,A_s 为样品 m/z 28 的离子流强度(mV);V_s 为进样体积(mL);a 和 b 为常数。

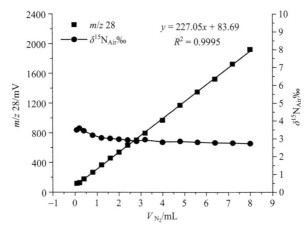

图 5-3 自然丰度 N_2 进样体积 V_{N_2} 与 m/z 28 离子流强度和氮同位素比值的关系

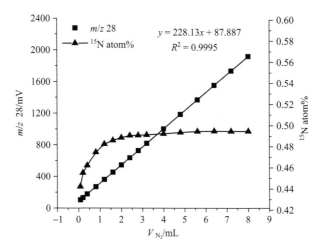

图 5-4 低 ^{15}N 丰度 N_2 样品进样体积 V_{N_2} 与 m/z 28 离子流强度和氮同位素比值的关系

根据进样体积 V_s 与标准曲线即可计算气体样品中 N_2 的浓度（C_s）：

$$C_s = \frac{A_s - b}{aV_s} \times 1000 \tag{5-2}$$

式中，C_s 为样品中的 N_2 浓度（mL/L）；A_s 为样品 m/z 28 的离子流强度（mV）；V_s 为进样体积（mL）；a 和 b 为式（5-1）中的常数。

(六)测定结果举例

图 5-3 和图 5-4 是使用本方法测定的 N_2 工作标准曲线。结果表明，N_2 进样体积（即 N_2 样品的氮量）与 m/z 28 离子流强度之间存在极显著的线性关系。从结果

可知，对于自然丰度 N_2 样品，进样量应使 m/z 28 的离子流强度在 600 mV 以上，才能获得准确的 ^{15}N 丰度值。对于低 ^{15}N 丰度 N_2 样品，m/z 28 的离子流强度则需要达到 800 mV 以上。

(七) 注意事项

(1) 稳定同位素比质谱仪的工作状态是影响标准曲线方程的重要因素。所以，在每次分析试验样品前，必须重新制备 N_2 浓度梯度样品，在相同的仪器工作状态下分析制备的 N_2 浓度梯度样品和待测试验样品，并重新绘制标准曲线，确保测定结果的准确性。

(2) 低 ^{15}N 丰度的 N_2 样品 (< 1 atom%) 很容易被空气中 N_2 污染，因此存放时间不宜过长，需要随制随用。

(3) 转移 N_2 样品时必须使用气密性进样针，以减小空气中 N_2 的污染；注射样品前需轻轻推动活塞，避免针头内混合空气的污染。

(4) 对于自然丰度 N_2 样品，进样量应使 m/z 28 的离子流强度在 600 mV 以上，才能获得准确的 ^{15}N 丰度值。以空气为例，进样体积需大于 3.00 mL。对于低 ^{15}N 丰度的 N_2 样品，m/z 28 的离子流强度则需要达到 800 mV 以上。

二、高 ^{15}N 丰度的 N_2 同位素比值测定方法

用标准配置的稳定同位素比质谱仪测定气体样品时，仪器的系统控制、数据采集和数据评价均由计算机软件自动完成，这种方法主要适用于自然丰度或低丰度 (<1 atom%) 样品的同位素比值的测定。在测定高丰度 (>1 atom%) 的同位素示踪样品时，由计算机软件直接给出的测定结果往往与"真实值"有很大的偏差。本部分介绍如何使用稳定同位素比质谱仪测定并获得高 ^{15}N 丰度 N_2 同位素比值的准确结果。

(一) 方法原理

氮元素有 2 个稳定性同位素，^{14}N 和 ^{15}N；N_2 是由 2 个氮原子组成的气体分子。因此，对 N_2 样品而言，其同位素分布可有以下 3 种组合：$^{14}N^{14}N$、$^{14}N^{15}N$ 和 $^{15}N^{15}N$。自然条件下 ^{14}N 和 ^{15}N 的比例为 272，因此由 2 个 ^{14}N 原子组成一个 N_2 ($^{14}N^{14}N$) 分子的概率最大，而由 2 个 ^{15}N 原子组成 1 个 N_2 ($^{15}N^{15}N$) 分子的概率最小。这种组合的概率同样发生在稳定同位素比质谱仪的离子源内。当 N_2 样品进入离子源内之后，会产生相应的 m/z 28 $[^{14}N^{14}N]^+$、m/z 29 $[^{14}N^{15}N]^+$ 和 m/z 30 $[^{15}N^{15}N]^+$ 单电荷分子离子，而且在 N_2 分子的形成过程中氮原子是随机结合的。如果设 a 表示 ^{14}N 原子数，b 表示 ^{15}N 原子数，则存在下列方程式：

$$(a+b)^2 = a^2 + 2ab + b^2 \tag{5-3}$$

式中，a^2、$2ab$ 与 b^2 分别对应于 m/z 28、m/z 29 和 m/z 30 质谱峰。

当 N_2 的 ^{15}N 丰度较高时，$[^{15}N^{15}N]^+$ 形式的组合概率增加；^{15}N 丰度越高，$[^{15}N^{15}N]^+$ 形式的组合就越多，m/z 30 的离子流强度则越大，即 b^2 越大。因此，测定高 ^{15}N 丰度的 N_2 样品时，^{15}N 丰度的计算公式中必定要有 m/z 30 质谱峰的峰强。

由于稳定同位素比质谱仪主要是为测定自然丰度同位素设计和配置的，所以在编制测量氮同位素丰度的计算机软件时并没有加入 m/z 30 的离子流强度值。然而，当 N_2 的 ^{15}N 丰度较高时，$[^{15}N^{15}N]^+$ 的组合形式概率会明显增加，若忽略 m/z 30 的离子流强度则会导致计算结果不准确。^{15}N 丰度越高，m/z 30 的离子流强度则越强。此时便需要采用一定的公式进行人工计算，才能获得准确的测定结果。

(二)仪器与设备

(1)微量气体预浓缩装置-稳定同位素比质谱联用仪(PreCon-IRMS)。
(2)气密性进样针(10 mL)。

(三)分析步骤

1. 样品制备举例

使用本节第一部分"高 ^{15}N 丰度的 N_2 制备方法"，制备 ^{15}N atom%分别为 9.91 atom%、24.95 atom%、50.1 atom%、70.11 atom%和 99.14 atom%的高丰度 N_2 样品。每个样品进行 3 次重复测定。

2. 样品分析

使用 10 mL 气密性进样针抽取气体样品，抽取的体积应根据样品中 N_2 含量而定，如以空气为标准，抽取 5.00 mL 进行分析即可。将样品注入真空度小于 –98 kPa 的顶空瓶(20 mL)中，用高纯 He 充分平衡顶空瓶内压力。将装有气体样品的顶空瓶按照顺序放置在自动进样器上，编辑样品测定顺序，用 PreCon-IRMS 进行测定。在离子源内，N_2 电离后产生 m/z 28、m/z 29 和 m/z 30 三种离子束。根据各离子束的强度，即峰高值或峰面积值，应用不同的公式可计算得到 N_2 的 ^{15}N 丰度。

(四)结果计算

把 N_2 在离子源内电离产生的 m/z 28、m/z 29 和 m/z 30 离子流强度(I)分别表示为

$$I_{28} = a^2 , \quad I_{29} = 2ab , \quad I_{30} = b^2 \tag{5-4}$$

已知：

$$^{15}\text{N atom\%} = \frac{^{15}\text{N原子数}}{^{14}\text{N原子数} + ^{15}\text{N原子数}} \times 100 \tag{5-5}$$

即

$$^{15}\text{N atom\%} = \frac{b}{a+b} \times 100 \tag{5-6}$$

将式(5-4)代入式(5-6)得到

$$^{15}\text{N atom\%} = \frac{1}{1 + 2\dfrac{I_{28}}{I_{29}}} \times 100 \tag{5-7}$$

将式(5-4)和式(5-5)分别代入式(5-7)得到

$$^{15}\text{N atom\%} = \frac{I_{29} + 2I_{30}}{2(I_{28} + I_{29} + I_{30})} \times 100 \tag{5-8}$$

将式(5-4)式中的 I_{29} 和 I_{30} 分别代入式(5-6)得到

$$^{15}\text{N atom\%} = \frac{2}{2 + \dfrac{I_{29}}{I_{30}}} \times 100 \tag{5-9}$$

式(5-7)、式(5-8)和式(5-9)即为计算高丰度 N_2 样品测定结果的 3 种公式。

(五)测定结果举例

图 5-5、图 5-6 和图 5-7 是基于稳定同位素质谱仪测定的 *m/z* 28、*m/z* 29 和 *m/z* 30 三种离子束的强度，用 3 种公式计算的 N_2 工作标准样品的同位素丰度数据。

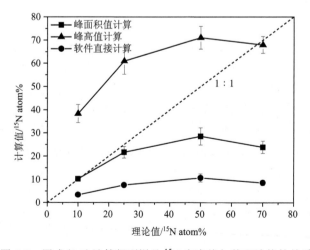

图 5-5　用式(5-7)计算得到样品 ^{15}N 丰度值与其理论值的关系

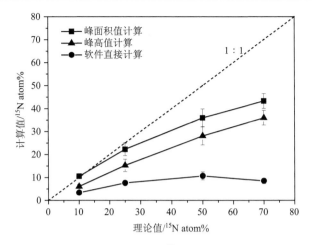

图 5-6　用式(5-8)计算得到样品 ^{15}N 丰度值与其理论值的关系

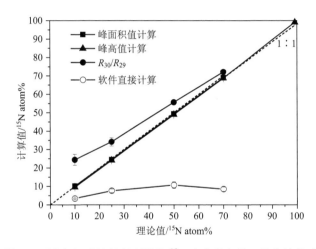

图 5-7　用式(5-9)计算得到样品 ^{15}N 丰度值与其理论值的关系

R_{30}/R_{29} 为用仪器软件直接给出的氮同位素丰度比值用公式计算的结果

结果表明，无论计算机软件自动计算输出的，还是基于计算机软件自动给出的 R_{30}/R_{29} 使用式(5-7)~式(5-9)计算得到的 ^{15}N 丰度结果均明显偏离"理论值"。因此，需要进行人工计算。式(5-7)和式(5-8)只能基于峰面积值准确计算丰度为 9.91^{15}N atom%的样品，高于该丰度值的计算结果明显偏离"理论值"。使用式(5-9)时，无论以峰面积值还是以峰高值进行计算，在丰度为 9.91~99.14 ^{15}N atom%范围内均可获得理想的结果(图 5-7)。

(六)注意事项

(1)在测定高 ^{15}N 丰度(>1 ^{15}N atom%)的 N$_2$ 样品时，必须采用合适的公式进行人工计算，才能获得准确的测定结果。

(2)由于 $m/z\,28$、$m/z\,29$ 与 $m/z\,30$ 接收杯放大器的高阻值不同，导致峰高值的放大倍数不同，计算时应将放大倍数换算到同一放大值上，然而质谱仪配备的高阻放大倍数在实际测定过程中与理论倍数并不完全相同，会使基于峰高值的计算结果产生明显误差。而仪器输出的峰面积已经是同一放大倍数下的值，不存在高阻之间放大倍数的误差，因此基于峰面积值的计算结果更为准确，应尽量采用峰面积值进行计算。

(3)式(5-9)计算得到的 ^{15}N 丰度结果与"理论值"十分吻合，推荐使用该公式进行计算。

(4)在测定高 ^{15}N 丰度 N_2 样品时，为了防止 $m/z\,30$ 信号值过大而出现满标现象，可适当减少样品进样量体积，但此时 $m/z\,28$ 和 $m/z\,29$ 的信号值可能会过低，进而导致计算结果不准确。因此，在保证 $m/z\,28$ 和 $m/z\,29$ 的信号值正常大小的进样量条件下，可将 $m/z\,30$ 的高阻由 $1\times10^{11}\,\Omega$ 降低至 $1\times10^{10}\,\Omega$ 或 $1\times10^{9}\,\Omega$，使 $m/z\,30$ 的离子流强度控制在准确测量的范围之内。

第三节　N_2O、CH_4、CO_2 同位素比值的质谱分析

CO_2、CH_4 和 N_2O 是 3 种重要的温室气体，土壤是这些温室气体的主要源和汇。稳定同位素示踪技术是研究温室气体源/汇特征和影响因素的重要技术，相关研究成果有助于提升人们对温室气体排放规律的认识，为制定和实施减排措施提供依据。由于这些气体在大气中的浓度很低，准确测定其碳、氮、氧同位素丰度成为开展相关研究工作的前提条件。本节介绍气体样品中 N_2O、CO_2 和 CH_4 的碳、氮稳定同位素比值的测定方法。

一、方法原理

测定大气中 CO_2、CH_4 和 N_2O 的碳、氮稳定同位素比值，通常不需要进行样品前处理，根据气体样品中目标气体的含量和仪器分析需要的碳/氮量，直接抽取一定体积的气体样品进样分析即可。微量气体自动预浓缩装置是实现用少量气体样品就能精确测定其元素同位素比值的关键技术，其基本工作原理是利用深度冷冻技术(–196℃的液氮冷阱)收集目标气体，经解冻、吹扫和浓缩后，产生纯净的目标气体，之后 He 流将目标气体载入质谱仪的离子源中。有关该预浓缩装置的结构和组成已在第一章第一节做了详细的介绍。

测定 CH_4 样品碳同位素比值的原理：在微量气体预浓缩装置开始工作后，He流将样品载入含高氯酸镁 $[Mg(ClO_4)_2]$、五氧化二碘 (I_2O_5) 和烧碱石棉剂的化学阱，去除其中的 CO_2 (因为 CH_4 必须经高温氧化成 CO_2 后才能进行碳同位素比值

测定，所以需要先去除样品中原有的 CO_2 才能获得完全由样品中 CH_4 氧化产生的 CO_2 气体），以及水分和一些含卤素的气体，之后气体进入冷阱冷冻。在 $-196\,℃$ 温度下，仅挥发性组分（如 N_2、O_2、Ar、CH_4）通过冷阱进入 $1000\,℃$ 的燃烧炉中。燃烧炉中设有一根内含 3 根 0.13 mm 镍丝的铝质氧化管，其间 CH_4 被氧化成 CO_2 和 H_2O。由 CH_4 氧化产生的 CO_2 气体再经另外两个冷阱冷冻、解冻释放，浓缩、纯化后的目标气体流入色谱柱做进一步分离，随后进入稳定同位素比质谱仪中进行碳同位素比值的测定。

测定 N_2O 样品氮同位素比值的原理：在微量气体预浓缩装置开始工作后，He 流立即将样品气体载入含 $Mg(ClO_4)_2$、I_2O_5 和烧碱石棉剂的化学阱中，去除其中的 CO_2（因为 CO_2 气体分子在离子源内会产生与 N_2O 相同 m/z 的离子束，干扰测定），以及水分和一些含卤素的气体，之后气体进入冷阱，N_2O 组分被捕获在 $-196\,℃$ 的冷阱中。经过两次冷冻、解冻释放后，浓缩、纯化的目标气体流入色谱柱做进一步分离，随后进入稳定同位素比质谱仪中进行同位素比值的测定。

测定 CO_2 样品碳同位素比值的原理：在微量气体预浓缩装置开始工作后，样品气体随 He 流进入含 $Mg(ClO_4)_2$ 和 I_2O_5 的化学阱，去除其中的水分和一些含卤素的气体，之后样品进入 $-196\,℃$ 的冷阱中。经过两次冷冻、解冻释放后，浓缩、纯化的目标气体进入色谱柱做进一步分离，随后进入稳定同位素比质谱仪中进行同位素比值的测定。

在质谱分析时，应根据不同的气体种类、浓度和元素同位素丰度编制相应的测定程序，其中包括冷阱的升降状态、冷冻时间、解冻时间、He 的吹扫时间，以及每次参比气体测定的次数和峰位的排列等。

二、仪器及设备

(1) 微量气体预浓缩装置-稳定同位素比质谱联用仪（PreCon-IRMS）。
(2) 不同型号和容积的样品瓶。
(3) 气密性进样针。

三、试剂

(1) 过氯酸镁 $[Mg(ClO_4)_2]$，去除气体样品中的水分。
(2) 五氧化二碘 (I_2O_5)，去除气体样品中含卤素的气体。
(3) 烧碱石棉剂，去除气体样品中的 CO_2 气体。
(4) 液氮。

四、分析步骤

(一)N₂O 的氮、氧同位素质谱分析

1. N₂O 参比气体的标定

以一瓶纯净的 N_2O 气体作为参比气体,利用带双路进样系统的稳定同位素比质谱仪测定 N_2O 参比气体的 $\delta^{15}N_{Air}$ ‰和 $\delta^{18}O_{SMOW}$ ‰值,并将此数值录入计算机软件的离子校正表中。

2. 测定步骤

根据气体样品中 N_2O 的浓度选择不同容积的样品瓶。一般地,浓度为 0.3～1 ppm 的 N_2O 样品需使用 ≥100 mL 的样品瓶,1～5 ppm 的 N_2O 样品需使用 20～50 mL 的样品瓶;≥5 ppm 的 N_2O 气体使用 ≤20 mL 的样品瓶(也可用直接进样杆)。在抽过真空的样品瓶内,根据 N_2O 浓度注入气体样品,浓度为 0.3～1 ppm 的 N_2O 气体不少于 100 mL,1～5 ppm 的 N_2O 气体不少于 20 mL,5～10 ppm 的 N_2O 气体不少于 12 mL。若注入气体量小于样品瓶容积,需立即用高纯 N_2 平衡压力。分析时,可以采用直接进样杆注入样品气体,也可以使用自动进样器进样,使用 PreCon-IRMS 进行分析。按照预先设置的样品测定程序,每隔一段时间连续 3 次向质谱仪的离子源内送入 N_2O 参比气体,3 个不同的离子束流接收杯上分别接收到 m/z 44 $[^{14}N^{14}N^{16}O]^+$、m/z 45 $[^{14}N^{15}N^{16}O]^+$ 和 m/z 46 $[^{14}N^{14}N^{18}O]^+$ 的离子束流。一般设定 2 号峰为参比样品峰。最后根据 N_2O 参比气体的标定值,即可将 N_2O 的氮、氧同位素比值测定值校正成 $\delta^{15}N_{Air}$‰和 $\delta^{18}O_{SMOW}$‰,即相对于空气 N_2 的 $\delta^{15}N$ 值和相对于标准平均海水的 $\delta^{18}O$ 值。在测定富集 ^{15}N 的 N_2O 气体样品时,根据 $\delta^{15}N$ 值也可获得 ^{15}N atom %值,即该样品气体中 N_2O 的 ^{15}N 丰度(表 5-1)。

表 5-1　气体样品中 N_2O ^{15}N 丰度的测定值

样品编号	$\delta^{15}N_{Air}$‰	^{15}N atom%
CSWT SO6-154	1.116	0.367
CSWT SO5-023	20.57	0.374
CSWT SO4-064	158.0	0.425
CSWT SO3-064	446.4	0.529
CSWT SO6-064	529.0	0.558
CSWT SO2-074	3605	1.670

注:样品为实验室工作标准气体。

（二）CO_2的碳、氧同位素质谱分析

1. CO_2参比气体的标定

以一瓶纯净的 CO_2 气体作为参比气体，并经有证标准物标定，得到准确的 $\delta^{13}C_{PDB}$‰和 $\delta^{18}O_{SMOW}$‰值。

2. 测定步骤

大气中 CO_2 的浓度较高，而且 CO_2 又很容易被液氮冷阱捕获，所以 CO_2 气体样品的需要量远低于 N_2O。以大气浓度（约 420 ppm）的 CO_2 为例，1 mL 大气样品已足够完成 CO_2 的测定，一般可使用直接进样杆进样，或将 1 mL 样品注入 5 mL 的样品瓶中，补入不少于 4 mL 高纯 N_2 或 He 后，通过自动进样器进样，使用 PreCon-IRMS 进行分析。每隔一段时间连续 3 次向质谱仪的离子源内送入 CO_2 参比气体，设定 2 号或者 3 号峰为参比气体峰。3 个不同的接收杯上分别接收 m/z 44 $[^{12}C^{16}O^{16}O]^+$、m/z 45 $[^{13}C^{16}O^{16}O]^+$ 和 m/z 46 $[^{12}C^{16}O^{18}O]^+$ 的离子流。根据 CO_2 参比气体峰和样品峰的 m/z 44、m/z 45、m/z 46 三种离子流的强度比，即可得出样品 CO_2 的 $\delta^{13}C_{PDB}$‰和 $\delta^{18}O_{SMOW}$‰值。

（三）CH_4的碳同位素质谱分析

1. 参比气体的标定

稳定同位素比质谱仪器不能直接测定 CH_4 的碳同位素比值，必须经高温燃烧将 CH_4 氧化成 CO_2 后才能进行测定，所以参考气体是 CO_2 气体，标定方法同上。

2. 测定步骤

根据气体样品中的 CH_4 浓度选择不同容积的样品瓶。一般而言，大气浓度（约 1.8 ppm）的 CH_4 需≥50 mL，浓度大于 2 ppm 的 CH_4 需≥20 mL。如果气体样品体积小于样品瓶容积，需补入相应体积的惰性气体（高纯 N_2 或 He）平衡瓶内外压力。在抽过真空的样品瓶内，根据样品浓度注入 CH_4 气体样品；CH_4 含量较高（≥5 ppm）的气体样品可采用直接进样杆注入样品，使用 PreCon-IRMS 进行分析。根据 CO_2 参比气体峰和样品峰的 m/z 44、m/z 45、m/z 46 的离子流强度比，即可得出由样品中 CH_4 转化成的 CO_2 相对于国际碳同位素基准物质 V-PDB 的值，即 $\delta^{13}C_{V\text{-}PDB}$‰。

五、注意事项

(1)需要先在气相色谱仪上测定气体样品中 N_2O、CH_4、CO_2 的浓度,然后根据其浓度选择取样量,或者对含量过高的气体样品进行一定程度的稀释,以获得最优的测定效果。

(2)自然丰度和富集同位素的气体样品必须分批测定。如果需在同一批进行测定,应按同位素丰度由低到高的顺序排列测定,尽量减小高丰度样品记忆效应的影响。

(3)由于 N_2O 和 CO_2 气体在稳定同位素比质谱仪的离子源中会产生相同 m/z 的离子束,在测定气体样品 CO_2 的氮、氧同位素比值时,无论是样品中残留微量的 N_2O,还是在前次 N_2O 分析时进样管道吸附的 N_2O,都会影响测定结果。所以,通常建议同一台稳定同位素比质谱仪不能频繁地进行 N_2O 和 CO_2 气体的反复交替测定。对于单通道导入参比气体的仪器而言,N_2O 和 CO_2 两种参比气体的切换需要有一定的稳定时间,至少需要稳定 72 h 以上才能消除两者之间的相互影响。

第四节　水体溶存气体的提取及质谱分析

水体生态体系是重要的 CH_4 和 N_2O 排放源/汇,水体中溶存的 N_2O 和 CH_4 的氮、氧或碳同位素组成信息可以反映出它们的源/汇特征及形成机制,所以测定不同生态系统、不同环境条件下水体溶存气体的碳、氮、氧同位素组成是碳、氮素循环过程研究的一项重要研究内容。本节介绍水体溶存气体的提取方法。

一、方法原理

采用高纯气体排水(通常用 He,因为高纯 He 是质谱仪的载气,不会对样品和仪器分析产生任何影响)和顶空平衡法获得水体溶解的气体样品。将装满水体的样品瓶倒置,通入高纯 He 排出一定体积的液体,然后充分振荡,使溶存在水体中的目标气体完全提取置换进入气体相中,实现气水间的平衡,便可获得水体中溶解的气体样品。

二、操作步骤

(一)仪器、器皿和试剂

(1)微量气体预浓缩装置-稳定同位素比质谱联用仪(PreCon-IRMS)。
(2)恒温振荡器。

(二)气体样品的提取步骤

1)水体样品采集

一般采用 100 mL 可封口的样品瓶储存水体样品。在采样地点原位采集水体样品，样品要装满整个样品瓶(瓶中不能留任何气体体积)，立即加一层密封隔垫并用具有中心孔的铝盖严密密封。

2)气体样品的提取

样品带回实验室后，先将样品瓶倒置(图 5-8)，在中心孔中插入两个针头：一个用于通入 He 流，一个用于排水。之后，调节 He 进气量，让样品瓶中的水慢慢地流出。当样品瓶中的水剩下 50 mL 左右时，关闭 He，在样品瓶倒置的状态下，拔出两个针头，并用 704 硅胶涂封针眼，此后方可正常放置样品瓶。然后将样品瓶放进恒温振荡器，以 120 r/min 振荡 30 min。

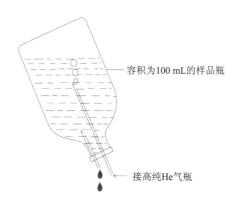

容积为100 mL的样品瓶

接高纯He气瓶

图 5-8　采用 He 提取和平衡法获得水体溶存气体示意图

3)气体样品转移和分析

提取置换结束后，用气密针吸取一定体积的气体样品，或注入已预抽真空的顶空瓶，马上注入高纯 He 或 N_2 平衡气压，用自动进样器按编排顺序依次测定，或注入直接进样杆手动测定。

三、注意事项

(1)特别应该注意的是，当水体样品采自海洋的深水区或深井时，水体温度与环境温度相差很大。温度升高后，密闭样品瓶中水的体积会迅速膨胀，有时会使铝盖中心孔隔垫鼓起，严重时会破裂，导致样品损失。

(2)气体样品提取过程中，应防止空气对样品气体的污染。提取过程中必须防止发生同位素的分馏，需充分振荡，使溶存在水体中的目标气体完全提取置换进入气体相中，实现气水间的平衡，才能有效避免发生同位素的分馏。

四、测定结果举例

图 5-9 为使用本方法测定的太平洋某水域 0～3600 m 深海海水中溶存 N_2O 的 $\delta^{15}N_{Air}‰$ 和 $\delta^{18}O_{SMOW}‰$ 值，其在垂直剖面上呈现出明显的规律性。可见该方法具有较高的准确性。

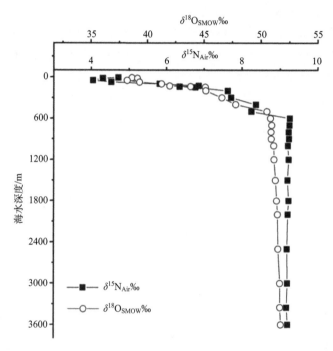

图 5-9　使用高纯气体排水和顶空平衡法测定的太平洋某水域海水中溶存 N_2O 氮、氧同位素比值的垂直变化

第五节　N_2O 同位素异位体的质谱分析方法

近年来，N_2O 同位素异位体方法（即测定两个氮原子间 ^{15}N 位点优势值，site preference，简称 SP 值，$\delta^{15}N^{SP}_{N_2O}$）开始应用于土壤、海洋的 N_2O 溯源分析。与 ^{15}N 标记法和抑制剂法相比，该方法对研究系统干扰小，适合野外原位研究。与传统的自然丰度技术相比，该方法不受底物氮同位素组成影响，且不同 N_2O 产生过程的 $\delta^{15}N^{SP}_{N_2O}$ 值具有一定的差异性，能够有效地区分多个过程对 N_2O 排放的贡献。目前，SP 值的分析方法是制约该技术应用的因素。当前主要有两种方法可以测定

SP 值，一种是稳定同位素比质谱法，另一种是红外吸收光谱技术。相比之下，稳定同位素比质谱法已经比较成熟，精度很高，测定结果更为稳定。随着激光光谱技术的进步，红外吸收光谱法在这一领域也将具有很大的发展潜力。本节主要介绍稳定同位素比质谱分析方法。

一、方法原理

(一)N₂O 同位素异位体

同位素异位体(isotopomer)是指化合物分子内的一个位点被元素的稳定同位素所代替，一种化合物因其稳定同位素的不同，往往具有多种不同的同位素异位体。N₂O 分子是由一个氧原子和两个氮原子形成的三原子非对称直线形结构，其中氮元素有 ^{14}N、^{15}N 两种稳定同位素；氧元素有 ^{16}O、^{17}O、^{18}O 三种稳定同位素，理论上来说，N₂O 分子有 12 种同位素组成形式，但实际上自然丰度表现出明显差异的同位素异位体仅有 5 种，其中以 ^{14}N^{15}N^{16}O 和 ^{15}N^{14}N^{16}O 最为重要。位于 N₂O 分子中心和末端的氮原子分别被称为 α-N 和 β-N($^{\beta}$N—$^{\alpha}$N—O) 或 1-N 和 2-N。在 N₂O 形成过程中，两个 NO⁻ 会结合形成次硝酸盐状中间体(⁻O—N≡N—O⁻)，随后一侧的 N—O 键断裂，形成 N₂O 分子，而在 N₂O 还原为 N₂ 的过程中另一侧的 N—O 键也断裂，形成 N₂。由于较重的同位素原子移动性较弱、具有较高的结合能(如 ^{15}N—^{16}O 键相较于 ^{14}N—^{16}O 键结合能更高，所以 ^{14}N—^{16}O 键更易断裂)，另外调控各 N₂O 产生途径的微生物和酶对 N—O 键的断裂也有影响，两次断键可能造成 ^{15}N 在 N₂O 分子中两个氮原子上的分布差异，这个差异就称为位点优势值(SP 值)。在 N₂O 分子中的 δ^{15}N$^{\alpha}$、δ^{15}N$^{\beta}$、δ^{15}N^{bulk} 和 δ^{15}N$^{SP}_{N_2O}$ 值之间的换算关系如下：

$$\delta^{15}N^{bulk} = (\delta^{15}N^{\alpha} + \delta^{15}N^{\beta}) / 2 \tag{5-10}$$

$$\delta^{15}N^{SP} = \delta^{15}N^{\alpha} - \delta^{15}N^{\beta} \tag{5-11}$$

式中，δ^{15}N^{bulk} 表示两个氮原子 ^{15}N 丰度的平均值；δ^{15}N$^{\alpha}$ 和 δ^{15}N$^{\beta}$ 分别表示中心和末端氮原子上的 ^{15}N 丰度。

(二)分析原理

使用微量气体预浓缩装置-稳定同位素比质谱联用仪(PreCon-IRMS)能完成对 N₂O 气体的氮、氧稳定同位素组成的精确测定。N₂O 气体进入仪器离子源后，经慢电子轰击会生成 N₂O 的分子离子、碎片离子和少量的 N₂、O、N 分子离子及原子离子，其中 N₂O 分子离子[N₂O]⁺约占所有离子的 75%，[NO]⁺碎片离子约为 N₂O 分子离子的 30%(表 5-2)。由于[NO]⁺离子的 N 是来自 N₂O 的 α-N 或 β-N，理论上通过接收[NO]⁺离子的信号，即可得到 δ^{15}N$^{\alpha}$ 或 δ^{15}N$^{\beta}$ 值。但是，如果是仅

表 5-2　N₂O 气体在质谱仪器中形成的主要分子离子和碎片离子

碎片离子[NO]⁺	m/z	分子离子[N₂O]⁺	m/z
$[^{14}N^{\alpha 16}O]^+$ $[^{14}N^{\beta 16}O]^+$	30	$[^{14}N^{14}N^{16}O]^+$	44
$[^{15}N^{\alpha 16}O]^+$ $[^{15}N^{\beta 16}O]^+$ $[^{14}N^{17}O]^+$	31	$[^{14}N^{15}N^{16}O]^+$ $[^{15}N^{14}N^{16}O]^+$ $[^{14}N^{14}N^{17}O]^+$	45
$[^{14}N^{\alpha 18}O]^+$ $[^{14}N^{\beta 18}O]^+$ $\mathbf{[^{15}N^{17}O]^+}$	32	$[^{14}N^{14}N^{18}O]^+$ $[^{15}N^{15}N^{16}O]^+$ $[^{14}N^{15}N^{17}O]^+$ $[^{15}N^{14}N^{17}O]^+$	46
$\mathbf{[^{15}N^{18}O]^+}$	33	$[^{15}N^{15}N^{17}O]^+$ $[^{14}N^{15}N^{18}O]^+$ $[^{15}N^{14}N^{18}O]^+$	47
		$[^{15}N^{15}N^{17}O]^+$	48

注：加粗的离子因同时含有两个或两个以上不常见的稳定同位素，所占比例极低。

安装三个接收杯（接收 m/z 44、m/z 45 和 m/z 46）的质谱仪（标准配置）就无法同时接收 [NO]⁺离子。因此，要完成对 N₂O 的 SP 值测定，质谱仪上需要同时配备可接收 m/z 30、m/z 31、m/z 44、m/z 45、m/z 46 离子的接收杯，这样可通过一次进样在 NO 和 N₂O 两种模式下直接完成测定。当然也可以在配备三个接收杯的质谱仪器上分两次进样，一次先测定 m/z 44、m/z 45、m/z 46 的分子离子峰，然后再进一次样品测定 m/z 30、m/z 31 的碎片离子峰，以完成整个测定。需要说明的是，稳定同位素比质谱仪测得的 $\delta^{15}N$、$\delta^{18}O$ 和 $\delta^{31}NO$ 的值，还要经过以下方程组的换算才能得到 $\delta^{15}N^\alpha$、$\delta^{15}N^\beta$ 和 SP 的值。

$$^{45}R = {}^{15}R^\alpha + {}^{15}R^\beta + {}^{17}R \tag{5-12}$$

$$^{46}R = {}^{18}R + ({}^{15}R^\alpha + {}^{15}R^\beta) \times {}^{17}R + {}^{15}R^\alpha \times {}^{15}R^\beta \tag{5-13}$$

$$^{31}R = {}^{15}R^\alpha + {}^{17}R \tag{5-14}$$

$$^{17}R / {}^{17}R_{st} = \left({}^{18}R / {}^{18}R_{st}\right)^{0.516} \tag{5-15}$$

$$\delta^{15}N = (\delta^{15}N^\alpha + \delta^{15}N^\beta) / 2 \tag{5-16}$$

$$SP = \delta^{15}N^\alpha - \delta^{15}N^\beta \tag{5-17}$$

式中，^iR 是相对丰度，表示某元素质量数为 i 的同位素原子或 N₂O 的质量数为 i 的同位素异位体或 NO 的质量数为 i 的同位素异位体的数量，与该元素最常见的同位素原子或 N₂O 最常见的同位素异位体或 NO 最常见的同位素异位体的数量比值；下角标 st 表示国际基准品。一般用质谱仪上测得的离子流强度信号代表原子或同位素异位体的数量。例如：

$$^{15}R = \frac{^{15}\mathrm{N}\text{的原子数量}}{^{14}\mathrm{N}\text{的原子数量}}，\quad ^{17}R = \frac{^{17}\mathrm{O}\text{的原子数量}}{^{16}\mathrm{O}\text{的原子数量}}$$

$$^{46}R = (^{15}\mathrm{N}^{15}\mathrm{N}^{16}\mathrm{O} + {}^{14}\mathrm{N}^{15}\mathrm{N}^{17}\mathrm{O} + {}^{15}\mathrm{N}^{14}\mathrm{N}^{17}\mathrm{O} + {}^{14}\mathrm{N}^{14}\mathrm{N}^{18}\mathrm{O})\text{的数量} / {}^{14}\mathrm{N}^{14}\mathrm{N}^{16}\mathrm{O}\text{ 的数量}$$

$$^{31}R = (^{15}\mathrm{N}^{\alpha\,16}\mathrm{O} + {}^{15}\mathrm{N}^{\beta\,16}\mathrm{O} + {}^{14}\mathrm{N}^{17}\mathrm{O})\text{的数量} / ({}^{14}\mathrm{N}^{\beta\,16}\mathrm{O} + {}^{14}\mathrm{N}^{\alpha\,16}\mathrm{O})\text{ 的数量}$$

$$^{15}R^{\beta} = \beta\text{位上的}^{15}\mathrm{N}\text{原子数量} / \beta\text{位上的}^{14}\mathrm{N}\text{原子数量}$$

$$^{15}R^{\alpha} = \alpha\text{位上的}^{15}\mathrm{N}\text{原子数量} / \alpha\text{位上的}^{14}\mathrm{N}\text{原子数量}$$

二、操作步骤

(一)仪器

微量气体预浓缩装置-稳定同位素比质谱联用仪(PreCon-IRMS)。

理论上只要稳定同位素比质谱仪上配备能同时接收 m/z 44 $[^{14}\mathrm{N}^{14}\mathrm{N}^{16}\mathrm{O}]^{+}$ 与 m/z 45 $[^{14}\mathrm{N}^{15}\mathrm{N}^{16}\mathrm{O}]^{+}$、$[^{15}\mathrm{N}^{14}\mathrm{N}^{16}\mathrm{O}]^{+}$、$[^{14}\mathrm{N}^{14}\mathrm{N}^{17}\mathrm{O}]^{+}$ 和 m/z 46 $[^{14}\mathrm{N}^{14}\mathrm{N}^{18}\mathrm{O}]^{+}$ 等分子离子，以及 m/z 30 $[^{14}\mathrm{N}^{16}\mathrm{O}]^{+}$ 和 m/z 31 $[^{14}\mathrm{N}^{17}\mathrm{O}]^{+}$、$[^{15}\mathrm{N}^{16}\mathrm{O}]^{+}$ 等碎片离子的接收杯(共 5 个接收杯)，就可实现一次进样在 NO 和 N$_2$O 两种模式下得到 δ^{15}N、δ^{18}O 和 δ^{31}NO 的值，或者在配备三个接收杯的质谱仪器上分两次进样，获得上述 5 个信号值，再经一系列换算，计算得到 δ^{15}N$^{\alpha}$、δ^{15}N$^{\beta}$ 和 SP 值。

但是 N$_2$O 同位素异位体的 δ^{15}N$^{\alpha}$、δ^{15}N$^{\beta}$ 和 SP 值的准确测定和计算，除了仪器之外，还需要优化质谱仪的离子源条件、测定 N$_2$O 的重排因子，以及采用 N$_2$O 工作标准气体进行校准。否则，无法得到可靠的数据。

(二)仪器参数优化和 N$_2$O 的重排因子测定

1. 质谱仪离子源工作条件优化

N$_2$O 气体在离子源中，经慢电子轰击后，主要形成 $[\mathrm{N_2O}]^{+}$ 分子离子和少量以 $[\mathrm{NO}]^{+}$ 为主的碎片离子。由于这两类离子所需的最优离子源条件可能不同，$[\mathrm{NO}]^{+}$ 的产率不高($[\mathrm{NO}]^{+}/[\mathrm{N_2O}]^{+}$=1/3)，为保证测定结果的稳定性和精密度，需优化离子源条件来适当提高 $[\mathrm{NO}]^{+}$ 的产率。改变质谱仪的聚焦参数、离子源的电子能量和电离室内的气体压强等可以调整离子源的工作条件。质谱仪的聚焦参数设置可通过仪器的自动聚焦(Autofocus)功能实现，也可手动调节离子源的 Emission、Trap 等参数。电子能量变化对 $[\mathrm{N_2O}]^{+}$ 分子离子和 $[\mathrm{NO}]^{+}$ 碎片离子的产率均有显著影响(表 5-3)，而且不同质谱仪上电子能量的高低对 N$_2$O 气体的离子谱影响并不一致，如 MAT-252 型质谱仪测定[NO]⁺离子的最优电子能量为 70～86 eV，而 Delta V plus 型质谱仪，当电子能量低于 100 eV 时会导致[NO]⁺的产率过低，造成测定结果不准确(表 5-4)。

表 5-3　电子能量变化对离子流强度的影响

电子能量	m/z 44 信号衰减率/%				m/z 30 信号衰减率/%			
/eV	1	2	3	平均值	1	2	3	平均值
100.0	17.52	16.08	14.83	16.14	11.98	11.28	10.79	11.35
70.0	40.01	42.14	41.15	41.10	42.19	44.49	43.99	43.56

注：信号衰减率均以 124 eV 的离子流强度为基准计算。

表 5-4　电子能量变化对 N_2O 同位素异位体测定值的影响

电子能量/eV	$\delta^{15}N^{bulk}$/‰	$\delta^{15}N^{\alpha}$/‰	$\delta^{15}N^{\beta}$/‰	SP/‰
70.0	−1.686	−6.721	3.348	−10.068
100.0		−4.475	0.940	−5.252
124.0		−4.444	1.072	−5.516

注：表中数据为 Delta V plus 型质谱仪测定结果。

2. 重排因子的测定

N_2O 在离子源中会发生重排，所形成[NO]⁺离子的 N 原子主要来自 α-N，部分来自 β-N，引起这种重排效应的原因目前尚不明确，推测与[N_2O]⁺受电子轰击后形成[NO]⁺的途径有关。在从离子源到被法拉第杯接收的过程中，离子间的相互碰撞、亚稳离子发生衰减等都会造成重排效应。因此，N_2O 的重排效应不仅受离子源工作条件影响，还因使用的稳定同位素比质谱仪不同而有所区别，如 MAT-252、253 型质谱仪上重排因子(γ)大约为 7%～9%，即[NO]⁺离子中有 7%～9%来自 β-N；而 IsoPrime 型质谱仪的重排因子可达 19.5%。在同一台质谱仪上，只要离子源条件保持不变，重排因子不受样品的浓度或丰度影响，但是一旦离子源条件发生变化(如更换灯丝等)，则需要重新测定重排因子。准确测定 N_2O 的 SP 值，必须确定仪器的重排因子。

仪器测定得到的数值必须考虑重排因子(γ)，使用式(5-18)换算才能得到真实的 $\delta^{15}N^{\alpha}$、$\delta^{15}N^{\beta}$ 和 SP 值，但 $\delta^{15}N^{bulk}$ 的值不受重排效应影响。

$$^{15}R = \left(1-\gamma\right)^{15}R^{\alpha} + \gamma^{15}R^{\beta} \tag{5-18}$$

式中，γ 为重排因子；$^{15}R = \dfrac{^{15}N的原子数量}{^{14}N的原子数量}$；$^{15}R^{\beta} = \beta$ 位上的 ^{15}N 原子数量/β 位

上的 ^{14}N 原子数量；$^{15}R^\alpha = \alpha$ 位上的 ^{15}N 原子数量/α 位上的 ^{14}N 原子数量。一般用质谱仪上测得的离子流强度信号代表原子或同位素异位体的数量。

测定质谱仪重排因子的方法主要有两种：NH_4NO_3 热解法和标记气体混合法。NH_4NO_3 热解法是将不同丰度的 $NH_4{}^{15}NO_3$ 和 $^{15}NH_4NO_3$ 分别加热分解生成不同丰度的 N_2O 气体，由于分解形成的 N_2O 中 α-N 都来自 NO_3^-，β-N 都来自 NH_4^+，可获得一系列已知丰度的 ^{15}NNO 和 $N^{15}NO$ 气体。使用质谱仪测定这些样品，测定值与其理论值可绘制成一条直线，直线的斜率即为重排因子。标记气体混合法是通过购买市售的高纯高丰度 ^{15}NNO 和 $N^{15}NO$ 气体 (> 99 atom%)，将其与自然丰度的 N_2O 工作标准气体 (0.3663 atom%) 混合，即可获得一系列已知丰度的 ^{15}NNO 和 $N^{15}NO$ 气体，再将质谱仪测定得到的 ^{31}R 值与 ^{45}R 值绘制成一条直线，直线的斜率即为重排因子 (图 5-10)。这两种方法中，NH_4NO_3 热解法得到的重排因子更为准确，但操作非常烦琐，需使用特制的热解装置，而标记气体混合法操作相对简单。

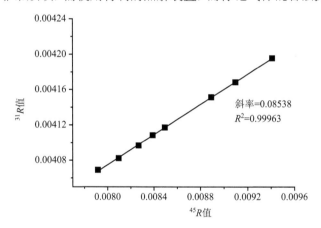

图 5-10　Delta V plus 型稳定同位素比质谱仪的重排因子
使用标记气体混合法测定；回归直线的斜率即为重排因子 $\gamma = 0.085$

(三) N_2O 工作标准气体的校准

美国地质调查局于 2016 年开始提供 USGS 51 和 USGS 52 两种国际标准品 (表 5-5)，可直接购买标准品完成工作标准气体的校准。

表 5-5　N_2O 国际标准品 USGS 51 和 USGS 52　　　　(单位：‰)

品名	$\delta^{15}N_{Air}$	$\delta^{15}N^\alpha_{Air}$	$\delta^{15}N^\beta_{Air}$	$\delta^{18}O_{V\text{-}SMOW\text{-}SLAP}$	SP_{Air}
USGS 51	1.32±0.04	0.48±0.09	2.15±0.12	41.23±0.04	−1.67
USGS 52	0.44±0.02	13.52±0.04	−12.64±0.05	40.64±0.03	26.15

注：SLAP 指国际基准品 (Standard Light Antarctic Precipitation)，用于准确测定 H、O 稳定同位素比值，下同。

三、注意事项

(1)必须优化质谱仪离子源工作条件。

(2)必须测定仪器的重排因子,而且在离子源条件发生变化后(如更换灯丝等),需要重新测定重排因子。

(3)SP 值的准确测定对质谱仪器的稳定性要求较高。残留在化学阱中的极少量溶于水的 CO_2 会生成$[CO]^+$,干扰$[NO]^+$的准确测定,因此需经常更换微量气体预浓缩装置中的除水和 CO_2 化学阱中的试剂。

(4)如果样品气体中杂质太多,会在色谱柱中逐渐累积,干扰测定结果,需要加大烘烤色谱柱的频率,或在样品测定完成后反吹色谱柱,有助于去除杂质。

(5)对于和 N_2O 信号过于靠近的杂质峰,可通过降低流速和色谱柱温度实现有效分离。

(6)使用稳定同位素比质谱仪测定 N_2O 的 SP 值时,N_2O 样品的信号高低直接影响$[NO]^+$碎片离子的产率,非线性问题较明显。常规的线性测试是通过一系列不同信号的矩形信号峰完成的,而样品峰是瞬时信号,要实现对样品峰的准确线性校正,需要用同样峰形的标准气体。可通过在运行样品 N_2O 的同时,运行一组接近样品最高和最低信号值的 N_2O 标准气体,完成线性校正。

四、测定结果举例

表 5-6 为编者所在实验室测定的实验室 N_2O 标准气体同位素异位体的测定结果,测定值与理论值一致,可见在经过仪器参数优化和 N_2O 的重排因子测定后,分析的准确性非常高。

表 5-6　两种实验室 N_2O 标准气体同位素异位体的测定结果　　　　(单位:‰)

标样名称		$\delta^{15}N_{Air}$	$\delta^{15}N^{\alpha}_{Air}$	$\delta^{15}N^{\beta}_{Air}$	$\delta^{18}O_{V\text{-}SMOW\text{-}SLAP}$	SP_{Air}
NNU-1	测定值	-1.06 ± 0.20	-2.13 ± 0.60	0.02 ± 0.70	40.20 ± 0.20	-2.15
	理论值	-1.06 ± 0.14	-2.12 ± 0.57	0.05 ± 0.61	40.22 ± 0.28	-2.17
NNU-2	测定值	0.46 ± 0.20	-0.73 ± 0.60	1.64 ± 0.60	41.10 ± 0.35	-2.37
	理论值	0.45 ± 0.16	-0.72 ± 0.38	1.62 ± 0.47	41.14 ± 0.20	-2.34

注:NNU-1 和 NNU-2 为实验室工作标准。

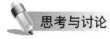 **思考与讨论**

1. 简述气态样品的保存方法和注意事项。
2. 简述 N_2 同位素比值的测定方法和注意事项。

3. 简述 N_2O、CH_4、CO_2 同位素比值的质谱分析和注意事项。

4. 简述水体溶存气体的提取方法和注意事项。

5. 简述 N_2O 同位素异位体质谱分析方法的原理和注意事项。

6. 简述在 N_2O 同位素异位体质谱分析前，质谱仪离子源工作条件优化和重排因子的测定方法。

主要参考文献

曹亚澄, 张金波, 温腾. 2018. 稳定同位素示踪技术与质谱分析——在土壤、生态、环境研究中的应用. 北京: 科学出版社.

曹亚澄, 钟明, 龚华, 等. 2013. N_2O 产生法测定土壤无机态氮 ^{15}N 丰度. 土壤学报, 50(1): 113-119.

王曦, 曹亚澄, 韩勇, 等. 2015. 化学转化法测定水体中硝酸盐的氮氧同位素比值. 土壤学报, 52(3): 558-572.

Böhlke J K, Smith R L, Hannon J E. 2007. Isotopic analysis of N and O in nitrite and nitrate by sequential selective bacterial reduction to N_2O. Analytical Chemistry, 79(15): 5888-5895.

Lachouani P, Frank A H, Wanek W. 2010. A suite of sensitive chemical methods to determine the $\delta^{15}N$ of ammonium, nitrate and total dissolved N in soil extracts. Rapid Communications in Mass Spectrometry, 24: 3615-3623.

Laughlin R J, Stevens R J, Zhuo S. 1997. Determining nitrogen-15 in ammonium by producing nitrous oxide. Soil Science Society of America Journal, 61(2): 462-465.

Liu D, Fang Y, Tu Y, et al. 2014. Chemical method for nitrogen isotopic analysis of ammonium at natural abundance. Analytical Chemistry, 86(8): 3787-3792.

McIlvin M R, Altabet M A. 2005. Chemical conversion of nitrate and nitrite to nitrous oxide for nitrogen and oxygen isotopic analysis in freshwater and seawater. Analytical Chemistry, 77(17): 5589-5595.

Sigman D M, Casciotti K L, Andreani M, et al. 2001. A bacterial method for the nitrogen isotopic analysis of nitrate in seawater and freshwater. Analytical Chemistry, 73(17): 4145-4153.

Stevens R J, Laughlin R J. 1994. Determining nitrogen-15 in nitrite or nitrate by producing nitrous oxide. Soil Science Society of America Journal, 58(4): 1108-1116.